U0227743

逻辑动态系统代数状态空间法理论与应用

闫永义　岳菊梅　著

科学出版社

北京

内 容 简 介

本书介绍了一种新的系统建模、分析与综合的数学方法——逻辑动态系统代数状态空间法。该方法是在矩阵的半张量积的基础上发展而来的，在使用矩阵处理复杂的泛逻辑系统方面具有很大优势。全书共 9 章，第 1~4 章介绍逻辑动态系统代数状态空间法；第 5~8 章为其各种应用，包括有限自动机的动态建模、性能分析、控制技术，合成有限自动机的建模与控制，受控有限自动机的代数模型及动态分析，Type-2 模糊逻辑关系方程的求解，图的结构分析，以及农业综合区道路网络规划和农业机器人路径规划中的应用等；第 9 章为本书内容的总结与后续工作展望。

本书适合系统科学、控制理论与控制工程、数学和人工智能等专业的科研人员参考，也可作为系统科学、控制理论与控制工程等相关学科高年级本科生及研究生的教学用书。

图书在版编目（CIP）数据

逻辑动态系统代数状态空间法理论与应用/闫永义，岳菊梅著. —北京: 科学出版社, 2018.11
　　ISBN 978-7-03-059698-7

　　Ⅰ. ①逻… Ⅱ. ①闫… ②岳… Ⅲ. ①动态逻辑–代数空间–状态空间–研究
Ⅳ. ①TP302.2

中国版本图书馆 CIP 数据核字（2018）第 260168 号

责任编辑：朱英彪　赵晓廷/责任校对：张小霞
责任印制：张　伟/封面设计：蓝正设计

科 学 出 版 社 出版
北京东黄城根北街 16 号
邮政编码：100717
http://www.sciencep.com

北京九州迅驰传媒文化有限公司 印刷
科学出版社发行　　各地新华书店经销

*

2018 年 11 月第 一 版　开本：720×1000　B5
2019 年 6 月第二次印刷　印张：12
字数：239 000
定价：95.00 元
（如有印装质量问题，我社负责调换）

前　言

自然界中的动态行为大致可分为两类。一类遵循物理学定律或者广义物理学定律，属于物理世界范畴的连续变量动态系统，如天体的运行、电荷的做功和人口的增长等。这类行为的状态是在某种距离空间中连续变化的，其演化过程可用微分方程或者差分方程来表达，因而可以借助现有的数学理论对其进行建模、分析、控制与优化。另一类属于逻辑系统的范畴，如象棋与扑克牌游戏、基因网络的进化、军事指挥中的 C3I 系统等。这类行为的演化过程遵循的是一些逻辑规则，因而无法用传统的微分方程或者差分方程来描述其动态行为，目前还缺乏有效的分析工具。

本书基于近年发展起来的逻辑动态系统代数状态空间法，考虑到目前对逻辑动态系统的研究还缺乏有效的建模与分析工具，一方面针对一些典型的逻辑系统，如有限自动机，包括一般有限自动机、合成有限自动机和受控有限自动机，采用这种代数状态空间法对其动态行为进行建模、分析与综合；另一方面针对与逻辑系统相关而没有得到完全解决的问题，如 Type-2 模糊逻辑关系方程的求解问题、搜索图的控制集与内稳定集问题，利用这种新的逻辑系统分析与综合工具进行进一步研究。

本书的创新内容在于以下方面。其一，建立有限自动机的双线性动态行为模型；基于这种新模型，介绍有限自动机的可控性及可稳性问题，提出判断有限自动机任意状态是否可控或可稳的充分必要条件；利用该充分必要条件建立有限自动机识别正则语言的判别准则。其二，介绍合成有限自动机的建模与控制问题。建立合成有限自动机的逻辑动态模型；对于状态可控或者输出可控的合成有限自动机，提出能够设计出所有的状态控制序列和输出控制序列的算法。其三，对于在功能和结构上都扩展的一类有限自动机 —— 受控有限自动机，建立其动态行为的代数描述；基于此代数模型，讨论受控有限自动机的可达性与可控性问题，提出状态可达与可控的充分必要条件。其四，讨论 Type-2 模糊逻辑关系方程的求解问题。建立两种求解算法，一种是针对一般型 Type-2 模糊逻辑关系方程，给出其解的理论描述；另一种是求解对称值 Type-2 模糊逻辑关系方程，算法能够求出其论域上的所有解，具有实际应用价值。其五，介绍与逻辑系统拓扑结构密切相关的图论问题，包括控制集、内稳定集及 k-内稳定集等。提出判断任意顶点子集是否为图的控制集、内稳定集及 k-内稳定集的充分必要条件；建立能够搜索出图的这些特殊结构的算法；将新结论应用到 k-轨道任务分配问题，得到该问题新的解法及一些有趣的结论。

与现有的有关结论相比，本书内容一个明显的优点是将问题表述为矩阵的代数形式，使这些问题的求解归于计算一些矩阵的半张量积，计算结果可给出所求问题的答案。总之，"数学般"地求解有关问题是本书的最大特点。

本书的主要内容先后发表在国际、国内相关学术期刊上，部分内容在不同的国际、国内会议上报告过。许多同行，特别是南开大学陈增强教授带领的团队、中国科学院数学与系统科学研究院程代展和齐洪胜研究员带领的团队、山东大学冯俊娥教授带领的团队、哈尔滨工业大学贺风华教授带领的团队、东南大学卢剑权教授带领的团队、南京师范大学朱建栋教授带领的团队、北京大学楚天广教授带领的团队、清华大学梅生伟教授带领的团队、山东师范大学李海涛教授带领的团队和浙江师范大学刘洋教授带领的团队提出了许多宝贵的建议，对此深表感谢！感谢导师南开大学陈增强教授对本人研究工作的一贯支持！

本书的出版得到国家自然科学基金委员会–河南省人民政府联合基金、河南省科技攻关计划项目 (182102210045)、河南省高等学校重点科研项目 (15A416005)、河南科技大学青年科学基金 (2015QN016) 的支持，在此一并致谢。

本书第 1~4 章及第 9 章由河南科技大学闫永义撰写，第 5~8 章由河南科技大学岳菊梅撰写。由于作者水平有限，书中难免存在不妥之处，敬请广大读者批评、指正。

作　者

2018 年 6 月

目　　录

符号说明

$\mathrm{M}_{m \times n}$	$m \times n$ 实矩阵集合
A^i	矩阵 A 的第 i 行
B_j	矩阵 B 的第 j 列
$\mathrm{col}_i(A)$	矩阵 A 的第 i 列
$\mathrm{row}_i(A)$	矩阵 A 的第 i 行
$\mathrm{col}(A)$	矩阵 A 的列组成的集合
$\mathrm{row}(A)$	矩阵 A 的行组成的集合
$\mathcal{D}^k$	$\mathcal{D}^k = \left\{ 0, \dfrac{1}{k-1}, \cdots, \dfrac{k-2}{k-1}, 1 \right\}$
I_n	n 阶单位矩阵
δ_n^i	I_n 的第 i 列
Δ_n	$\{ \delta_n^i \mid i = 1, 2, \cdots, n \}$
$L \in \mathrm{M}_{m \times r}$	逻辑矩阵, 即 $\mathrm{col}(L) \subset \Delta_m$
$L_{m \times r}$	$m \times r$ 逻辑矩阵的集合
$A \prec_t B$	矩阵 A 的列数和矩阵 B 的行数满足 $p = nt$
$A \succ_t B$	矩阵 A 的列数和矩阵 B 的行数满足 $n = pt$
$\wedge$	逻辑合取运算符
$\vee$	逻辑析取运算符
$\neg$	逻辑否定运算符
$\rightarrow$	逻辑蕴涵运算符
$0_n \in \mathrm{R}^n$	元素全为 0 的 n 维向量
$1_n \in \mathrm{R}^n$	元素全为 1 的 n 维向量
$k_n \in \mathrm{R}^n$	元素全为 $k \ (k = 1, 2, \cdots)$ 的 n 维向量
$L = \delta_m[i_1, i_2, \cdots, i_r]$	$L = [\delta_m^{i_1}, \delta_m^{i_2}, \cdots, \delta_m^{i_r}] \in L_{m \times r}$ 的简记
$\ltimes$	矩阵的半张量积运算符
$\otimes$	矩阵的 Kronecker 积

第1章 绪 论

1.1 逻辑动态系统代数状态空间法概述

Deif 对矩阵理论的应用价值给予了高度评价：矩阵理论可称为高等算术，几乎每个工程应用都涉及矩阵，这是因为要处理带有许多部件的复杂系统，必须有一种数学工具能将这些部件结合在一起，而矩阵方法正好能够达到这一目的。在电网络、结构理论、力学系统和经济学等学科研究中均能找到矩阵理论的精彩应用 [1]。

当然，矩阵理论的应用也有一定的局限性。例如，高维数组问题，用矩阵来处理并不方便，甚至在有些情况下，矩阵显得无能为力。对于三维数组，Bates 和 Watts 建议用立方矩阵进行处理 [2,3]，但未得到学术界的广泛认可。原因如下：一方面，对于不同的问题，必须定义不同的立方矩阵，这给实际应用带来很大麻烦；另一方面，这种立方矩阵无法应用到维数大于 3 的数组，即一般数组。学者张应山提出了多边矩阵理论 [4]，这是一个创新性的工作，但由于其计算过程过于复杂，并未得到广泛应用。

中国科学院数学与系统科学研究院的程代展研究员从 1997 年开始研究如何利用矩阵去有效地处理多维数组及非线性问题。他在思考计算机对多维数组的存储方法时得到启发，提出了一种新的矩阵乘法——矩阵的半张量积 (semi-tensor product of matrices, STP)。这种矩阵乘法可以自动搜索数据的层次结构，因此可以有效地处理多维数组问题。矩阵的半张量积是对矩阵普通乘法的推广，不仅保留了矩阵普通乘法的主要性质，同时也具备了一些特殊性质。因此，理论上它可以取代矩阵的普通乘法，从而得到广泛应用。正如程代展研究员所指出的，矩阵的半张量积会在未来领军的有限及离散数学中起到重要作用 [5]。

逻辑动态系统代数状态空间法 (algebraic state space approach to logical dynamic systems, ASSA) 正是基于这种矩阵的半张量积发展起来的一种系统建模、分析与综合的工具。近年来，该方法得到了长足的发展和普遍的重视，被广泛应用于多种工程问题和理论研究中。2007 年，逻辑动态系统代数状态空间法首先应用于布尔控制网络领域。布尔网络是由美国加利福尼亚大学生物学家 Kauffman 在 1969 年研究细胞和基因调控规律时提出的生物学模型 [6]。随着系统生物学的发展，它已成为生物学、物理学和系统与控制科学等学科新的研究热点 [7,8]。以程代展为代表的学者及团体利用逻辑动态系统代数状态空间法研究了布尔网络的拓扑结构问题 [9,10]，得到了问题的一般解法，建立了系统能控、能观的判断条件以及系统的实现方法 [11,12]；提出了逻辑空间与子空间的构造及判别方法 [13]；研究了布尔网络的稳定与镇定问题 [14]，设计出最优控制策略 [15] 和布尔 (控制) 网络的辨识方法 [16,17] 等。这些工作形成了布尔网络的控制理论 [18]，并得到了国际学术界的肯定，文献 [11] 荣获了国际自动控制联合会 (International Federation of Automatic Control，IFAC) 授予的 *Automatica* 最佳方法/理论论文奖 [8]。

随着逻辑动态系统代数状态空间法自身的不断发展完善，其应用也越来越广泛，并在许多领域取得了一些具有标志性的成果。例如，布尔控制网络 [9,11,12,17,19-28]、混合值逻辑网络 [29-32]、(切换) 非线性系统 [33-40]、网络演化博弈 [41-49]、有限序列机理论 [50-55]、模糊控制理论 [56-60]、布尔函数及其在组合电路和数字电路中的应用 [61]、线性规划 [62]、图论及多智能体系统 [63-65] 等。一般来讲，只要系统的状态是有限离散的，逻辑动态系统代数状态空间法都是一个有力的建模工具，如对布尔逻辑系统、多值逻辑系统、混合值逻辑系统、基于网络演化的博弈系统和有限序列机等离散动态系统的建模等。

总之，逻辑动态系统代数状态空间法为逻辑动态系统的分析与设计提供了一个便捷的平台，在对逻辑动态系统进行建模时表现出极大的优越性。该方法能将物理性质相同或者物理意义相近的物理量进行交换，使得这些变量在模型中处于相同位置，从而将这些变量作为一个整体变量加以考虑，最终将系统的动态行为建模为线性形式的代数方程。基于这种线性的动态方程，能够十分方便地对系统进行分析与综合。例如，对布尔网络的分析与控制，以及对基于网络演化的博弈系统的建模等，都取得了具有里程碑意义的成果，解决了历史上遗留或解决得不够完善的问题 [11,43,45,49]。

有限自动机 (finite automation) 是一种典型的逻辑动态系统，可被定义为一种逻辑结构。有限自动机理论广泛应用于许多相关领域，有各自不同的研究内容、研究方法和研究目标。在数学领域，利用有限自动机对多种数学算法和函数的可计算性进行描述。在控制科学领域，有限自动机属于控制论的一部分，与智能控制理论有着紧密的联系，为许多问题提供了原理模型。在系统生物学领域，生物学家在研究生命体的遗传规律时，把有限自动机当作生长发育的数学模型。在语言学领域，语言学家在研究形式语言理论时，把有限自动机当作语言接收器。此外，在计算机的基础理论方面，有限自动机常被用来研究计算机的逻辑运算及复杂性理论等。

模糊逻辑及模糊逻辑系统是模糊控制的基础。模糊控制是人工智能的三大支柱之一 (模糊控制、神经网络和混沌理论)。目前，人工智能领域的热点研究方向有模糊逻辑、专家系统和神经网络等。模糊逻辑的研究内容主要包括基因算法、混沌理论和线性动态系统理论等，属于计算数学的研究范围，其应用已渗透到农业、经济、军事和工业控制等科学领域。模糊逻辑关系方程的求解问题，在模糊控制方面有较多的应用。例如，在设计模糊控制器时，如果能够得到模糊逻辑关系方程的所有解，并提供这些解的一些特征信息，那么就能为模糊控制器的设计提供最佳方案；另外，如果模糊控制器的设计总是不能满足设计要求，那么模糊逻辑关系方程的这些解也能提供有用信息去帮助找到导致不能满足要求的因素，从而对模糊控制器的设计进行优化。

图作为数学模型成功地分析和解决了许多现实世界的具体问题 [66]。图的一些具有特殊性质的结构为理解逻辑动态系统的拓扑结构提供了数学模型。物理学、化学、通信、计算机技术、遗传学和社会学等领域中的一些问题可归结为图论问题。数学科学的许多分支，如群论、矩阵理论、概率论和拓扑学等，也与图论有着交叉关系 [67]。而在系统科学领域，图论为包含二元关系的系统提供了数学分析手段[68]。

上述三种对实际问题的抽象模型，即有限自动机、模糊逻辑及模糊逻辑系统和图论都是典型的离散动态系统 (严格地说，图论是一种静态的数学模型，但它可以为许多动态系统提供数学模型上的支持，如多智能体系统等)。而逻辑动态系统代数状态空间法对状态有限且离散的动态系统来说是非常有力的建模工具，基于逻辑动态系统代数状态空间法所得的模型，对系统的分析与综合非常方便 [11,19,21-24,50,55,56,59,60,63-65,69]。本书利用这种新的理论工具，对逻辑动态系统的若干问题进行研究，包括有限自动机、合成有限自动机、受控有限自动机、模糊逻辑关系方程和图的结构问题等。利用新的建模与分析工具，必然会得到解决这些问题的新结论。一方面，为理解和运用这些问题提供了新的视角；另一方面，也为这些尚未解决或者解决得不够完善的问题提供了新的研究手段。

1.2   逻辑动态系统代数状态空间法的应用研究现状

随着逻辑动态系统代数状态空间法及矩阵的半张量积自身的不断完善发展,其应用领域也在不断扩大。目前,逻辑动态系统代数状态空间法及矩阵的半张量积已在布尔控制网络、非线性动态系统、模糊控制系统、有限序列机、网络演化博弈、图论及超图等领域得到成功应用。本节简要概述两者在这些领域的应用研究现状。

1.2.1   在布尔控制网络中的应用研究

最初是程代展带领的研究团队,将逻辑动态系统代数状态空间法作为建模及分析工具应用到布尔控制网络,并取得了大量研究成果,其中一些具有里程碑的意义。

2009 年,程代展通过输入–状态结构研究了布尔网络的拓扑结构 [10]。利用逻辑算子的代数形式,将布尔网络基于逻辑的输入–状态行为转化为代数形式的离散时间动态系统;在此基础上,研究了布尔网络的拓扑结构,发现布尔网络的吸引子 (attractors) 具有一种网状的合成圈结构 (nested compounded cycles)。这种结构解释了圈在神经网络的动态行为中起决定作用的原因。随后,程代展等又将渠化布尔函数 (canalizing Boolean function) 的概念推广为多输入–多输出渠化布尔映射。利用矩阵的半张量积将逻辑函数表示为矩阵的代数形式,基于逻辑函数的这种代数形式,建立了渠化布尔函数的判别准则,进而研究了布尔控制网络的扰动解耦问题,给出了扰动解耦的设计方法 [70]。同年,程代展等又研究了布尔网络的稳定性与布尔控制网络的稳定化问题 [28]。利用逻辑动态系统代数状态空间法,将布尔网络表示成离散时间线性动态系统,将布尔控制网络表示成离散时间双线性动态系统。这种代数形式提供了研究布尔网络和布尔控制网络的代数手段。例如,基于逻辑坐标变换,改进了基于关联矩阵得到的稳定性的充分条件,并应用于控制器的设计中。另外,采用布尔控制网络的这种代数形式,得到了布尔控制网络可稳定化的充分必要条件。

值得一提的是,程代展和齐洪胜关于布尔控制网络的可观性与可控性的研究工作 [11],在 2011 年荣获了 IFAC 主办期刊 *Automatica* 的 2008∼2010 年度最佳方法/理论论文奖,这是迄今为止唯一由华人学者完成的 *Automatica* 获奖论文。在这篇文章中,他们建立了构建布尔控制网络的方法。这种方法只需要知道布尔控制网络的转移矩阵；同时，还通过可达集的概念建立了布尔控制网络的可控性条件，并且得到了可观性的充分必要条件。

2010 年，程代展在之前工作的基础上，开展了对布尔控制网络的实现问题及状态空间分析的研究工作。文献 [12] 中基于布尔网络的线性动态方程，定义了布尔变量坐标变换的概念，采用这种坐标变换研究了布尔网络的状态空间坐标变换，同时定义了布尔控制网络的不变子空间的概念；由此，进一步分析布尔控制网络的结构，得到了可控性与可观性的正则形式 (normal form) 以及卡尔曼 (Kalman) 分解形式；此外，还建立了布尔控制网络的最小实现方法。文献 [71] 中提出了构造子空间基的方法，特别是精确地定义了正交基、Y-友好基 (Y-friendly subspace) 和不变子空间的概念，并提出了验证算法。应用这些构建方法，成功地研究了布尔网络的模糊滚动齿轮结构 (indistinct rolling gear structure) 问题。

2011 年，程代展等又进一步研究了布尔网络的模型构建问题 [16]。假设由实验获得了一组关于布尔网络的动态性数据，由这些观测数据，提出了几种构建布尔网络的动态模型。这种建模方法不直接构造布尔网络的逻辑动态模型，而是先构造布尔网络的代数模型，在由实验数据得到代数模型之后，再将这种代数模型转回到逻辑模型。其中，针对一般布尔网络的构造方法需要较多的实验数据。为了减少所需数据量，进一步假设网络的拓扑图已知，提出了最小度的构建方法。为了进一步压缩所需数据量，假设网络的拓扑图是一致网络 (uniform network)，提出了相应的构建方法。对于观察数据有误的情况，也给出了相应的模型构建方法。随后，程代展和赵寅讨论了布尔控制网络的辨识问题 [17]，提出了布尔控制网络的状态方程由输入–状态数据可辨识的充分必要条件，建立了可控布尔网络可观的充分必要条件。在此基础上，建立了布尔控制网络可辨识的充分必要条件，同时提出了数值算法。此外，二人也考虑了两种特殊情况：已知网络图的布尔控制网络和高阶布尔控制网络的辨识问题，以及对于大规模的布尔控制网络的近似辨识问题，都提出了相应的辨识方法。

1.2.2 在模糊控制系统中的应用研究

逻辑动态系统代数状态空间法在模糊控制领域的主要应用包括逻辑和模糊控制的矩阵表示 [60]、模糊逻辑关系方程的求解 (包括 Type-1 和 Type-2 两类模糊逻辑关系方程)[56,57,59]、多重模糊关系及在耦合模糊控制 (coupled fuzzy control) 中的

应用 [58]、多变量模糊系统的控制器设计 [72-77] 等。

2005 年, 程代展和齐洪胜利用逻辑动态系统代数状态空间法开始研究逻辑及模糊控制的矩阵表示问题 [60]。他们将逻辑表示成矩阵的形式, 在这种形式下提出了逻辑函数的一般表达式。这种表达方法在逻辑推理中十分方便, 要证明一个逻辑命题, 只需要计算一系列的半张量积即可。在此基础上, 将逻辑算子推广到多值逻辑的情形, 为模糊系统的分析奠定了基础。

2012 年, 程代展等利用逻辑动态系统代数状态空间法对模糊逻辑关系方程的求解问题进行了研究 [59]。他们考虑的是一类在实际应用中使用最为广泛的最大–最小模糊逻辑关系方程, 发现如果模糊逻辑关系方程有解, 那么在参数解集 (parameter solution set) 里有一个对应的解。其研究方法是, 首先将逻辑变量表示为向量形式, 然后利用矩阵的半张量积将逻辑方程变换为代数方程, 最后就可以用求解代数方程的方法来解逻辑方程。与之前的求解方法相比, 这种方法的优点是可以从参数解集中求得模糊逻辑关系方程的所有解。而传统的求解方法只能求得模糊逻辑关系方程的某些特殊解, 如最大解与最小解等。

2013 年, 冯俊娥和吕红丽以逻辑动态系统代数状态空间法为工具研究了多重模糊关系及耦合模糊控制的设计问题 [58]。在假定论域是有限的前提下, 将模糊逻辑变量表示为向量形式, 从而统一了论域中的元素、子集及模糊子集的表示形式。自然地, 经典集合之间的映射可以推广到模糊集合的情形。基于矩阵的半张量积方法, 提出了逻辑矩阵的加法和乘法, 这给计算合成模糊关系带来了很大的方便, 并且定义了二元模糊结构, 保证了模糊论域的有限性, 也可用于模糊化和清晰化。同时, 他们将上述结果应用到多输入–多输出 (multi-input multi-output, MIMO) 模糊系统, 提出了一种新的耦合模糊控制器设计方法。

同年, 葛爱冬和王玉振等基于逻辑动态系统代数状态空间法对多变量的模糊逻辑控制器进行了分析和设计 [77]。他们首先对多变量模糊逻辑控制器的模糊控制规则进行了新的描述, 这种描述非常便于模糊推理; 然后通过构造模糊结构矩阵提出了新的模糊推理机制, 并且建立了一组最小入度的控制规则; 最后将这些结果应用到多变量模糊系统控制设计及并联式混合动力汽车 (parallel hybrid electric vehicle, PHV) 中, 并取得了较好的效果。

为了将逻辑动态系统代数状态空间法及矩阵的半张量积引入 Type-2 模糊逻辑关系方程的求解问题中, 首先将 Type-2 模糊关系分解成两部分: 主子阵和次子阵，并建立了对应的主子阵 Type-2 模糊逻辑关系方程和次子阵 Type-2 模糊逻辑关系方程。然后提出了 r 元对称值 Type-2 模糊关系模型及与之对应的 r 元对称值 Type-2 模糊逻辑关系方程模型。其中，主子阵和次子阵都是 Type-1 模糊逻辑关系方程 (即一般的模糊逻辑关系方程)。最后利用逻辑动态系统代数状态空间法在求解 Type-1 模糊逻辑关系方程时的方法和思路来对 Type-2 模糊逻辑关系方程进行求解。

闫永义等在 2013~2014 年利用矩阵的半张量积与逻辑动态系统代数状态空间法分别研究了单点 Type-2 模糊逻辑关系方程和一般 Type-2 模糊逻辑关系方程的求解问题 [56,57]。在求解单点 Type-2 模糊逻辑关系方程时，根据 Zadeh 扩展原理 (其中 t 范数采用取小 t 范数)，将 Type-1 模糊关系推广到 Type-2 模糊关系，建立了 Type-2 模糊逻辑关系方程。然后，将单点 Type-2 模糊逻辑关系方程的解分解为主元阵和次元阵两部分，利用矩阵的半张量积和逻辑方程的矩阵形式，得到了主元阵有解的条件；利用取小模糊逻辑推理，求得次元阵应满足的必要条件。在此基础上，得到了求解单点 Type-2 模糊逻辑关系方程的算法，该算法对计算机的内存要求更低。对于一般 Type-2 模糊逻辑关系方程的求解，为了将矩阵的半张量积和逻辑动态系统代数状态空间法及其在求解 Type-1 模糊逻辑关系方程时的应用，引入 Type-2 模糊逻辑关系方程的求解问题中，提出了 r 元对称值 Type-2 模糊关系模型及对应的对称值 Type-2 模糊逻辑关系方程模型。基于此，建立了两种求解 Type-2 模糊逻辑关系方程的算法：一种给出了一般 Type-2 模糊逻辑关系方程解的理论描述，具有理论意义；一种可以求出对称值 Type-2 模糊逻辑关系方程的所有解，具有使用价值。这些结论提供了寻找最优解的途径，有助于对 Type-2 模糊控制器的设计进行改进。

1.2.3　在有限自动机中的应用研究

在对有限自动机的动态行为进行建模时，考虑到这种动态行为的本质是一种基于逻辑的演化过程，且已有学者采用逻辑动态系统代数状态空间法将一般情况下的逻辑方程表示为统一的线性代数方程，将有限自动机的输入字符、输出字符和状态都表示为向量的形式，这样有限自动机的转移函数和输出函数就可以表示为输入、输出和状态的线性函数。这种代数方程体现了有限自动机的所有动态特性，因此可以对有限自动机的动态性进行分析，如可达性、可控性和可稳性等。在此基础上，对有限自动机的组合问题进行建模与分析，如并联组合、串联组合和反馈组合等问题。

需要指出的是，文献 [55] 也利用逻辑动态系统代数状态空间法对有限自动机进行了建模，并对其可达性问题进行了研究。但是，此方法在建模之初，将系统的状态定义为一个向量，每个分量是自动机的初始状态到达对应状态的路径数，这种定义方法丢失了具体的路径信息，换句话讲，就是不知道从初始状态沿着什么样的路径可以到达目标状态。基于此，闫永义等在建模时直接将自动机的自然状态定义为系统的状态。这样建立的模型，其物理意义更清晰、思路更自然、信息更透明。因此，基于此模型对有限自动机的相关问题进行分析时，获得的信息更全面。例如，在分析自动机的可达性时，不仅能求得初始状态到达目标状态的路径数，而且可以求得所有的路径信息。

合成有限自动机本质上还是一种有限自动机。因为其动态过程涉及多个自动机的动态性，所以动态性更为复杂。具体地讲，对于串联合成有限自动机，前一自动机的输入作为合成自动机的输入，其输出作为后一自动机的输入，后一自动机的输出作为合成自动机的输出。因此，在对其建模时，将合成有限自动机的状态定义为前后两个自动机状态的有序对，也就是将合成有限自动机的状态定义在前后两个自动机状态集的笛卡儿积上。这样，就可以用类似单个有限自动机的建模方法对其进行建模，并对其相关问题进行分析。对于并联形式的合成有限自动机和反馈形式的合成有限自动机，其建模方法与串联合成有限自动机的建模方法类似。

受控有限自动机是离散事件动态系统的受控对象，它是有限自动机在功能与结构上的扩展——输入不仅有事件、状态，还有控制范式。控制范式本质上是一个布尔函数，而布尔函数是一种二值逻辑函数。因此，利用逻辑动态系统代数状态空间法可将其描述为一个代数方程的形式。将控制范式表示为代数方程之后，结合逻辑动态系统代数状态空间法对有限自动机的建模方法就可以对受控有限自动机进行建模，并对离散事件动态系统的行为进行研究。

徐相如和洪奕光等将逻辑动态系统代数状态空间法及矩阵的半张量积引入有限序列机领域 (也称有限状态自动机、有限自动机、自动机等)，并获得一系列优秀的研究成果 [52-55,78]，包括对有限自动机的建模、可达性分析、双分解与双仿真分析、稳定化设计、异步状态序列机的模型匹配、可观性及观测器设计等。闫永义等利用逻辑动态系统代数状态空间法与矩阵的半张量积对有限自动机也做了一些研

究工作 [50,51,79]。

2012 年，徐相如和洪奕光将矩阵的半张量积和逻辑动态系统代数状态空间法引入有限自动机领域，并对有限自动机的可达性进行了分析，得到了若干新的结论 [55]。基于逻辑动态系统代数状态空间法建立的有限自动机模型的一个突出的优点是物理意义清晰、自然，且同时适用于确定性的有限自动机和不确定性的有限自动机，这是传统方法所不具备的。对于给定的有限自动机，若将其状态和输入均表示为向量形式，那么有限自动机读入序列的动态性就可以表示为一系列矩阵 (或向量) 的半张量积。此外，这种研究方法不必将矩阵的乘法限制在布尔域上，这为理解有限自动机的动态行为提供了更多的信息。利用这种新的表示方法，得到了确定性的有限自动机和不确定性的有限自动机新的可达性条件。

接着，张艳琼等通过两种标准方法对自动机的双分解问题进行了研究，给出了有限自动机的矩阵表示形式，并通过矩阵的半张量积运算建立了双分解程序 [80]。对于确定性的有限自动机的乘积可分解性和并行可分解性 (product and parallel decomposability) 问题，给出充分必要条件。2013 年，徐相如等利用逻辑动态系统代数状态空间法研究了有限自动机状态反馈稳定化问题 [53]。研究对象限定为确定性的有限自动机，以逻辑动态系统代数状态空间法为建模工具，将自动机表示为基于矩阵的形式，自动机的动力学特性表示为离散时间双线性方程的形式；定义了平衡点和圈稳定 (cycle stability) 的概念，给出了确定性有限自动机可稳定化的充分必要条件。同时，他们也进一步研究了如何确定到达目标平衡点的最短轨迹问题，并给出了求解算法。这些工作的优点是所设计的状态反馈控制器均可以通过解矩阵不等式获得。

同年，徐相如和洪奕光在之前工作的基础上，又研究了异步有限序列机的模型匹配问题 [78]。他们利用逻辑动态系统代数状态空间法和矩阵的半张量积，将异步有限序列机转化为离散时间双线性系统，从而可以通过研究它的结构矩阵来研究其动态行为。另外，给出了识别圈 (cycle detection) 的简单算法，并对异步有限自动机的可达性进行了分析，提出了代数形式的充分必要条件。同时，对于双输入–状态序列机的模型匹配问题，给出了控制器的设计算法。

同样，在 2013 年，徐相如和洪奕光基于逻辑动态系统代数状态空间法对有限自动机的可观性问题和观测器的设计问题进行了研究 [52]。对于观测器的设计问题，假定有限自动机是部分可观的。与之前的研究方法相似，利用矩阵的半张量积及逻辑动态系统代数状态空间法，将有限自动机的动态行为表示为离散时间双线性系统。针对这种双线性系统，提出了初始状态及当前状态可观的充分必要条件。该充分必要条件完全是矩阵形式，且不依赖于输入信息，从而有利于代数计算及数学分析。

2013~2014 年，闫永义等利用逻辑动态系统代数状态空间法，研究了有限自动机的可达性、可控性和稳定化问题，以及受控有限自动机、合成有限自动机的建模问题及相关问题的分析与综合 [50,51,79,81-83]。这些工作的思路是，将有限自动机的输入、状态及输出均表示为向量形式，利用逻辑动态系统代数状态空间法将有限自动机的动态行为建模为“线性代数方程”的形式。这种建模方法与徐相如建模方法的区别是，后者在建模的过程中将自动机 t 时刻的状态定义为一个向量，向量的第 i 个分量为 t 时刻从初始状态到第 i 个状态可达路径的条数，因此建立的模型屏蔽了从初始状态到第 i 个状态可达路径的具体信息。换句话说，就是不知道从初始状态如何一步一步地到达第 i 个状态。这种建模的优点是对确定性的有限自动机和不确定性的有限自动机均适用。本书作者的建模方法是将有限自动机的自然状态定义为新模型中的状态，这样所得的模型不会屏蔽路径的具体信息，从而能够在该模型的基础上建立算法，并求出每一时刻任意两个状态之间所有的可达路径。缺点是需要对模型进一步改进才能对不确定的有限自动机的动态行为进行分析，具体内容将在第 3~5 章详细讨论。

1.2.4   在网络演化博弈中的应用研究

2010~2014 年，程代展等将逻辑动态系统代数状态空间法引入博弈论领域，并取得了一系列新的研究成果 [41-48]，包括策略优化、网络演化博弈、有限势博弈和基于博弈的控制系统等，其中一些研究成果解决了博弈论领域中一直未得到完善解决的问题 [43]。

2010 年，程代展等利用逻辑动态系统代数状态空间法研究了策略优化问题及在动态博弈中的应用 [48]。在有限策略集 (也称有限记忆策略组合集，set of finite memory strategy profiles) 上定义了度量空间结构，揭示了这种度量空间在网络结构上的几何意义。利用这种度量提出了一种数值方法，称为爬山法 (hill climbing method)。这种方法能够找到局部最优策略。同时，提出了这种数值方法的两种应用：动态博弈和混合值逻辑动态控制系统的优化。对于动态博弈，首先定义了局部纳什均衡, 然后利用爬山法解决了 μ 记忆策略集 (μ-memory set of strategies) 上有限博弈的纳什均衡问题。对于混合值逻辑动态控制系统的优化问题, 爬山法主要解决了与初始条件有关的最优化问题。

2012 年, 程代展和赵寅继续利用逻辑动态系统代数状态空间法, 研究了基于博弈的系统控制问题 [47]。利用矩阵的半张量积, 将博弈的策略集描述为一组矩阵, 从而将基于博弈的控制系统的动态性从逻辑型的动态行为转换为标准的离散时间动态系统。因此, 可以利用控制系统的经典方法来研究这种基于博弈的控制系统。另外, 他们给出了这种系统的代数状态空间描述, 以此研究了基于博弈的系统最优控制问题。

2013 年, 郭培莲等通过逻辑动态系统代数状态空间法及矩阵的半张量积对一类演化网络博弈问题进行了研究, 提出了这种博弈的代数描述, 基于此给出了策略优化问题的求解方法 [45]。在这种演化网络博弈中, 参与人的策略更新机制是自私最优响应 (myopic best response)。根据逻辑动态系统代数状态空间法将演化网络博弈的动态行为转化为代数方程, 并提出了构建这种代数描述的算法。在这种代数描述的基础上, 讨论了演化网络博弈的动态行为, 得出了一些有趣的结论。同时, 考虑这种网络博弈的策略优化问题, 通过添加虚拟参与人 (pseudo-player), 给出自由型的控制序列使得虚拟参与人的平均支付最大化。

2014 年, 程代展等给出了演化网络博弈的建模及控制问题 [42]。他们详细回顾了演化网络博弈的数学模型, 介绍了模型的三要素: 网络图、基本博弈和策略更新机制, 并考虑了三种网络博弈模式: 对称无向图博弈、非对称有向图博弈和对称 d-有向图博弈 (个体可以获得部分邻居信息)。另外, 讨论了三种基本的演化博弈: 对称双策略、非对称双策略和对称三策略, 以及三种更新机制: 无条件模仿、费米原则 (Fermi rule) 和自私最优响应。在此基础上, 将演化网络博弈的动态行为建模为具有代数状态空间的离散动态系统。

同年, 程代展基于逻辑动态系统代数状态空间法研究了势博弈问题 [43], 给出了判断一个博弈是否为势博弈的充分必要条件, 以及势函数的计算公式。在博弈论领域, 这是一个困难的问题。2011 年 Hino 就指出, 检验一个博弈是否为势博弈是不容易的 [84]。最早的检验方法是 Monderer 和 Shapley 在 1996 年提出的 [85]。Shapley 是 2012 年诺贝尔经济学奖得主。Monderer 和 Shapley 的算法复杂度是 $O(k^4)$。对只有两个参与人的特殊情况, Takashi 和 Josef 等将算法复杂度降低到 $O(k^3)$。后来，Yusuke 将其降到 $O(k^2)$。而程代展的结果是一个简单的线性方程组，称为势方程。方程左边与具体博弈无关，只有右边常数来自具体博弈。一个博弈是势博弈当且仅当该线性方程组有解。这个结果不仅简洁，且对于任意位参与人的博弈均适用，同时给出了势函数的计算公式。

1.3   矩阵的半张量积的应用研究现状

逻辑动态系统代数状态空间法及矩阵的半张量积的应用研究表明，该方法的优点在于对逻辑动态系统以及离散动态系统的建模、分析与综合方面，能够将系统的逻辑动态行为和离散动态行为表达为代数方程。这样，控制系统经典的分析与综合方法就可用于对逻辑动态系统和离散动态系统的行为进行建模与分析。逻辑动态系统代数状态空间法之所以有这样的优势，关键在于矩阵的半张量积自身具备了矩阵普通乘法所没有的特殊性质，如降幂矩阵、哑算子和伪交换律 (pseudo-commutative law) 等。本书将这种新的系统建模工具作为研究手段，介绍了有限自动机、模糊控制和图论。

1.3.1   在非线性系统中的应用研究

目前，矩阵的半张量积理论在非线性系统中的应用主要包括：切换齐次非线性系统的控制、线性化和稳定性分析等[33,35,37,40,72]；非线性系统的多项式近似[73,74]；通过中心流形对非线性系统的近似 [75]；用非线性系统处理线性对称问题 [72]；通过规范算法 (normal form algorithm) 对非线性系统进行非正则反馈线性化 (non-regular feedback linearization) 等问题 [37,76]。

程代展等在 2004 年以矩阵的半张量积为分析工具，研究了仿射非线性系统的非正则静态反馈线性化问题 [76]，并提出了一种新的非正则反馈线性系统的标准形式。利用这种标准型，建立了单输入线性化的迭代算法。基于矩阵的半张量积和这种新的迭代算法，提出了一种新的正则化算法公式，并得到了仿射非线性系统的单输入可近似线性化的充分必要条件。2008 年，袁艳艳和程代展讨论了非线性切换系统的非正则静态反馈线性化问题 [37]。利用矩阵的半张量积，他们得到了易于验证的非正则反馈线性化的充分条件。

2007 年，张立军等研究了切换齐次非线性系统的稳定性问题 [40]。他们在假设

"存在二阶李雅普诺夫函数使得非线性齐次系统渐近稳定"的前提下，得到了稳定齐次非线性系统的矩阵形式的李雅普诺夫方程，该方程包含了线性系统的李雅普诺夫函数，并以其作为特例。利用这种矩阵形式的李雅普诺夫函数，得到了切换齐次非线性系统稳定性的充分条件，同时根据状态空间的分解给出了切换律。特别地，为了避免由切换律引起的抖动现象，他们提出了构造性的设计方法。对于龙门刨床切换齐次系统，提出了基于线性矩阵不等式的稳定化方法。

程代展等在 2007 年又研究了控制系统的线性对称问题 [72]，具体地讲，是研究了仿射非线性系统在一般线性群子群下的对称性问题。另外，讨论了给定系统的状态空间对称群及其李代数结构，分析了在旋转变换下状态空间是对称仿射非线性系统的结构问题。对于龙门刨床系统，他们给出了完整的分类，对于线性群而言，龙门刨床系统只有四种对称的情况。同时，还给出了一组代数方程，通过求解这些方程，可以得到最大连接状态空间对称群 (the largest connected state space symmetric group) 的李代数，并且给出了具有状态空间对称群系统的可控条件。

2008 年，程代展等继续利用矩阵的半张量积方法，研究了仿射非线性控制系统的稳定化问题，这种仿射非线性控制系统具有一般 Byrnes-Isidori 标准型 [75]。另外，提出了基于中心流形的新近似方法，这种近似方法可以减小中心流形近似的误差度 (the error degree)。利用具有齐次导数的李雅普诺夫函数并通过状态反馈，设计出了稳定的中心流形。这种设计方法同样适用于一般的仿射非线性控制系统。

2013 年，张立军和张奎泽利用矩阵的半张量积，研究了一类切换齐次非线性系统的 L_2 稳定和 L_∞ 控制问题 [33]。他们表示，如果具有扰动的切换齐次非线性系统是内部齐次渐近稳定的 (internally homogeneously asymptotically stable)，那么该系统有一个有限的 L_2 增益；如果具有扰动和控制作用的切换齐次非线性系统在零扰动条件下是齐次可稳定化的 (homogeneously stabilizable)，那么该系统的 L_∞ 控制问题在一个更宽松的条件下是可解的，并给出了齐次解。另外，他们利用矩阵的半张量积将上述结论变换为类线性形式 (linear-like form)，同时将汉密尔顿–雅可比–艾萨克不等式变换为类似线性的矩阵不等式。这些变换更易于用计算机进行求解。

1.3.2 在图及超图理论中的应用研究

图可以看作一种静态的逻辑系统。其中，每个顶点可以看作系统的状态，每条边可以看作状态之间的联系。将每个顶点用对应的向量加以标记，状态之间的联系就是一种逻辑函数。自然地，就可以利用逻辑动态系统代数状态空间法对图论的一些问题进行研究。例如，对于图的控制集、内稳定集和 k-内稳定集问题等。通过对顶点子集定义逻辑特征向量，图的这些特殊集合就可以用矩阵的半张量积来表示，从而对其进行分析。例如，建立判断图的某个顶点子集是否为控制集、内稳定集和 k-内稳定集的充分必要条件。基于该条件，可建立搜索这些特殊结构的算法等。

首次将矩阵的半张量积应用到图论领域的是山东大学的王玉振教授[64]，这奠定了利用矩阵的半张量积研究图论的基础。后来，徐美荣等基于矩阵的半张量积研究了鲁棒图 (robust graph) 的染色问题[86]。孟敏和冯俊娥则基于矩阵的半张量积研究了超图中的内稳定集问题[63]。Yu 等也以矩阵的半张量积为工具研究了搜索图的控制集问题[69]。

2012 年，王玉振等首次将矩阵的半张量积引入图论领域，研究了图的最大稳定集、最大加权稳定集和染色问题，并将这些结论应用到多智能体的一致性问题，得到了一组新的结论[64]。通过定义顶点子集的特征逻辑向量并基于逻辑函数的矩阵表示，得到了内稳定集问题的代数描述。基于这种代数描述，首先建立了寻求图的所有内稳定集的新算法。其次考虑了最大稳定集及最大加权稳定集问题，得到了新的充分必要条件，该条件给出了一种寻找最大稳定集和最大加权稳定集的算法。对于顶点染色问题，提出了问题可解的两个充分必要条件。基于该充分必要条件，建立了寻求染色问题的所有染色方案的算法。最后将以上结论应用到多智能体系统，提出了一种新的控制协议，使得系统能够达到一致性。

2014 年，徐美荣等利用矩阵的半张量积研究了鲁棒图的染色问题，并将所得结果应用到时间表安排问题，得到了一组新的结论[86]。将鲁棒图的染色问题表述为一类矩阵形式的最优化问题，从而对于任意的简单图设计出一种寻求最大鲁棒染色方案的算法，这种算法可以求得所有符合条件的最大鲁棒染色方案。同时考虑鲁棒图染色问题的等价性，提出了等价问题的充分必要条件。对于可染色的鲁棒图，建立了一种新的寻求鲁棒图所有染色机制的算法，并将所得结论应用到考试时间表安排问题上，给出了新的时间表设计方法。

同年，孟敏和冯俊娥将矩阵的半张量积方法引入超图理论领域，研究了超图最大稳定集和染色问题，提出了一些新的结论，并将这些结论应用到储存问题 (storing problem) 上[63]。通过定义超图的邻接矩阵和顶点子集的特征逻辑向量，得到了超图稳定集的等价代数描述, 建立了寻找超图所有稳定集的算法, 这种算法适用于任意超图。另外, 考虑超图的染色问题, 提出了染色问题可解的充分必要条件。与以往研究超图的方法不同, 这种充分必要条件是一种代数不等式的形式, 求解这种代数不等式即可得知染色问题是否可解。在此基础上, 研究了超图的最小染色问题, 建立了寻求所有最小染色方案的算法。从理论上而言, 这些新的结论在解决储存问题上是有效的。

Yu 等以矩阵的半张量积为工具, 研究了搜索图的控制集问题[69]。另外, 建立了判断一个顶点子集是否为控制集的充分必要条件, 并设计出寻求图的所有控制集的算法。此外, 受一些实际应用的启发, 定义了 k-控制集 (k-control set) 和 k-平衡集 (k-balance set) 的概念, 并得到了两者的充分必要条件和搜索算法[65]。

1.3.3 在物理及数学中的应用研究

逻辑动态系统代数状态空间法及矩阵的半张量积在一些数学及物理问题的理论分析中也得到了若干有意义的应用。例如, 张量场的缩并公式在相对论中有重要的意义, 但因为证明麻烦, 一般教材只给出结论未给出证明过程[87]。而程代展等利用矩阵的半张量积方法给出了简单的证明[88]。又如, 在刻画李代数的一些应用时, 矩阵的半张量积方法也发挥了重要作用[89,90]。2003 年, 程代展等利用逻辑动态系统代数状态空间法研究了一些动态物理系统的卡莱曼线性化问题 (Carleman linearization problem), 并给出了该问题可线性化的严格证明[88]。另外, 还将平面多项式系统的不变性问题转化为代数方程组的可解性问题。此外, 又采用一种简单的方式证明了张量场收缩问题 (contraction of tensor field problem) 等。2006 年, 程代展在研究一些与李代数结构相关的性质时发现, 所有有限维李代数的拓扑结构是不同多项式方程的集合, 进而又考虑了李代数的可逆性问题, 得到了可逆的条件。

1.4 主要工作及内容安排

本书将一种新的系统建模工具——逻辑动态系统代数状态空间法引入有限自动机领域、模糊控制领域和图论领域, 对相关问题进行了建模、分析与综合。本书的内容安排如下。

第 1 章 介绍本书的选题背景与研究意义，回顾逻辑动态系统代数状态空间法及矩阵的半张量积的应用研究现状，简要叙述本书的研究方法与思路。

第 2 章 概括叙述矩阵的半张量积的定义、一般性质和特殊性质，特别是矩阵的半张量积的特殊性质，它是对逻辑动态系统及离散动态系统进行建模时的关键所在，这些特殊性质使得建立的模型具有线性的代数形式。

第 3 章 基于逻辑动态系统代数状态空间法对有限自动机进行建模，并对其可达性、可控性和稳定化问题进行研究，提出其可达、可控、可稳的充分必要条件，建立寻找所有可达路径和可控序列的算法。

第 4 章 对合成有限自动机，包括串联有限合成自动机、并联合成有限自动机和反馈合成有限自动机进行建模，并对其状态可达性进行研究，得到状态可达的充分必要条件。此外，研究并联合成有限自动机的可控性问题，包括状态可控与输出可控，建立状态可控与输出可控的充分必要条件，并提出设计所有控制序列的算法。

第 5 章 对受控有限自动机进行建模，基于建立的多线性动态模型，对受控有限自动机在离散事件动态系统中的应用问题进行研究。

第 6 章 利用逻辑动态系统代数状态空间法，研究两类 Type-2 模糊逻辑关系方程的求解问题：一般型 Type-2 模糊逻辑关系方程和对称值 Type-2 模糊逻辑关系方程。另外，提出求解这两类模糊逻辑关系方程的算法。

第 7 章 对图的控制集问题、内稳定集问题和 k-内稳定集问题进行研究，提出这些集合的判别方法，建立搜索这些集合的算法。

第 8 章 介绍逻辑动态系统代数状态空间法在农业机器人和农业区域道路网络规划中的应用。

第 9 章 对全书进行归纳总结，对后续工作简要介绍。

1.5 本 章 小 结

逻辑动态系统代数状态空间法是近年来在矩阵的半张量积理论的发展过程中建立起来的。由于矩阵的半张量积具备矩阵普通乘法所没有的特殊性质，基于其发展而来的逻辑动态系统代数状态空间法，在逻辑系统的建模、分析与综合方面有着天然的优势。在研究具体的泛逻辑动态系统时，逻辑动态系统代数状态空间法有着共同的研究思路与方法; 对于某些特殊系统, 也有与之对应的特殊处理方法。

    本章首先从总体上概述了逻辑动态系统代数状态空间法的发展历史及应用前景。然后详细叙述了逻辑动态系统代数状态空间法的应用及研究现状, 包括布尔网络与布尔控制网络、模糊控制系统、有限自动机、网络演化博弈领域。最后介绍了矩阵的半张量积的研究现状与应用领域, 包括非线性系统、图及超图理论、物理与数学等, 以便读者从整体上了解本书的内容和组织逻辑。

第 2 章　矩阵的半张量积概述

2.1　引　　言

2001 年，程代展首次提出了矩阵的半张量积 (STP) 概念 [91]。矩阵的半张量积是对矩阵的普通乘法进行推广，不要求矩阵满足等维数条件 (即前一矩阵的列数等于后一矩阵的行数)，而适用于任意两个矩阵，同时又保留了矩阵的普通乘法几乎所有的主要性质。因此，理论上它可以取代矩阵的普通乘法而得到广泛应用。程代展等指出，矩阵的半张量积会在未来领军的有限及离散数学中起到重要作用 [5]。之所以说有限及离散数学会在未来起领军作用，是基于 IBM 的一份报告和数学家王树和的观点。2006 年，IBM 在研究报告 *Towards 2020 Science* 中指出，计算思维正在利用计算机科学的基本概念来解决问题、设计系统和理解人类行为，而计算机科学的概念和定理以一种离散的模式来应对动态变化 [92]。因此，随着科学的不断发展以及计算机能力的飞速提高，对将来的科技发展来说，离散值数学也许会比经典的连续值数学更具应用价值。正如数学家王树和先生指出的，微积分在数学中一贯处于领袖地位，可以预期，有朝一日这种地位将被离散数学夺走 [93]。

矩阵的半张量积适用于一般维数的矩阵，当矩阵满足等维数条件时，矩阵的半张量积自然退化为矩阵的普通乘法。目前，矩阵的半张量积都是在倍维数条件下应用的 (即参与运算的两个矩阵，前一矩阵的列数与后一矩阵的行数具有倍数关系)，即矩阵的左半张量积。一般维数条件下的矩阵半张量积 (右半张量积)，更多的是具有数学意义。本章主要介绍矩阵的半张量积及其有关性质，包括一般性质和矩阵普通乘法所不具备的特殊性质。

2.2　矩阵的半张量积定义

定义 2.1 [5]　对于矩阵 $A \in M_{m \times n}$ 和 $B \in M_{p \times q}$，它们的半张量积定义为

$$A \ltimes B = (A \otimes I_{s/n})(B \otimes I_{s/p}), \tag{2.1}$$

其中, s 是 n 和 p 的最小公倍数; $\otimes$ 是矩阵的 Kronecker 积。

式 (2.1) 是矩阵的半张量积的一般定义, 在多数情形下, 使用较多的是倍维数条件下的矩阵的半张量积, 定义如下。

定义 2.2 [5]   (1) 设 X 是 np 维的行向量, Y 是 p 维的列向量。把 X 分成 p 个等长度的块 $X_1, X_2, \cdots, X_p$, 定义向量的左半张量积为

$$
\begin{cases}
X \ltimes Y = \sum_{i=1}^{p} X^i y_i \in \mathrm{R}^n, \\
Y^{\mathrm{T}} \ltimes X^{\mathrm{T}} = \sum_{i=1}^{p} y_i (X^i)^{\mathrm{T}} \in \mathrm{R}^n.
\end{cases}
\tag{2.2}
$$

(2) 设 $A \in \mathrm{M}_{m \times n}, B \in \mathrm{M}_{p \times q}$, A 和 B 的左半张量积定义为

$$
C = (C_{ij}), \quad C_{ij} = A^i \ltimes B_j, \quad j = 1, 2, \cdots, q.
\tag{2.3}
$$

例 2.1   (1) 设 $X = [1 \quad -2 \quad 1 \quad -3], Y = \begin{bmatrix} 2 \\ -1 \end{bmatrix}$, 则有

$$
X \ltimes Y = [1 \quad -2] \cdot 2 + [1 \quad -3] \cdot (-1) = [1 \quad -1].
$$

(2) 设 $A = \begin{bmatrix} 2 & 2 & 4 & -1 \\ 4 & -1 & 0 & 2 \\ -1 & -2 & 1 & 1 \end{bmatrix}, B = \begin{bmatrix} -3 & -2 \\ 2 & 1 \end{bmatrix}$, 则有

$$
A \ltimes B = \begin{bmatrix} [2 \quad 2 \quad 4 \quad -1] \ltimes \begin{bmatrix} -3 \\ 2 \end{bmatrix} & [2 \quad 2 \quad 4 \quad -1] \ltimes \begin{bmatrix} -2 \\ 1 \end{bmatrix} \\ [4 \quad -1 \quad 0 \quad 2] \ltimes \begin{bmatrix} -3 \\ 2 \end{bmatrix} & [4 \quad -1 \quad 0 \quad 2] \ltimes \begin{bmatrix} -2 \\ 1 \end{bmatrix} \\ [-1 \quad 2 \quad 1 \quad 1] \ltimes \begin{bmatrix} -3 \\ 2 \end{bmatrix} & [-1 \quad 2 \quad 1 \quad 1] \ltimes \begin{bmatrix} -2 \\ 1 \end{bmatrix} \end{bmatrix}
$$

$$
= \begin{bmatrix} 2 & 2 & 0 & 1 \\ -12 & 2 & -8 & 4 \\ 5 & -4 & 3 & -3 \end{bmatrix}.
$$

注 2.1   矩阵的半张量积可以避免矩阵的普通乘法在经过 "合法" 运算后出现 "非法项" 的现象, 具体见例 2.2。

例 2.2　设 X，Y，Z，$W \in \mathbb{R}^n$ 都是列向量，从而 $Y^{\mathrm{T}}Z$ 是一个数，则有

$$
(XY^{\mathrm{T}})(ZW^{\mathrm{T}})
$$
$$
= X(Y^{\mathrm{T}}Z)W^{\mathrm{T}}
$$
$$
= (Y^{\mathrm{T}}Z)(XW^{\mathrm{T}}) \in \mathrm{M}_{n \times n}.
$$

继续利用矩阵普通乘法的结合律，有

$$
(Y^{\mathrm{T}}Z)(XW^{\mathrm{T}}) = Y^{\mathrm{T}}(ZX)W^{\mathrm{T}}.
$$

那么，ZX 是什么含义，怎么计算呢？这也说明矩阵普通乘法的运算并非完全相容。如果将矩阵的普通乘法看作矩阵的半张量积的特殊情形，则不会出现上述非法项，如

$$
(XY^{\mathrm{T}})(ZW^{\mathrm{T}}) = Y^{\mathrm{T}} \ltimes (Z \ltimes X) \ltimes W^{\mathrm{T}}.
$$

2.3　矩阵的半张量积的一般性质

矩阵的半张量积将矩阵的普通乘法从等维数条件推广到任意两个矩阵的情形，同时保留了矩阵普通乘法几乎所有的主要性质。本节简要概述矩阵的半张量积的一些基本性质。

(1) 矩阵的半张量积满足分配律和结合律，这是所有矩阵乘法的定义应满足的基本性质。设矩阵 A、B 和 C 具有合适的维数，以及任意的实数 α 和 β，则有下列性质成立。

分配律：
$$
A \ltimes (\alpha B + \beta C) = \alpha A \ltimes B + \beta A \ltimes C,
$$
$$
(\alpha B + \beta C) \ltimes A = \alpha B \ltimes A + \beta C \ltimes A. \tag{2.4}
$$

结合律：
$$
(A \ltimes B) \ltimes C = A \ltimes (B \ltimes C),
$$
$$
(B \ltimes C) \ltimes A = B \ltimes (C \ltimes A). \tag{2.5}
$$

(2) 设 $A \in \mathrm{M}_{p \times q}, B \in \mathrm{M}_{m \times n}$，如果 $q = km$，则有

$$
(A \ltimes B) = A(B \otimes I_k). \tag{2.6}
$$

如果 $m = kq$, 则有

$$(A \ltimes B) = (A \otimes I_k)B. \tag{2.7}$$

(3) 假设 A、B 都可逆, 则有

$$\begin{aligned}(A \ltimes B)^{-1} &= B^{-1} \ltimes A^{-1}, \\ A \ltimes B &\sim B \ltimes A.\end{aligned} \tag{2.8}$$

(4) 转置律:

$$(A \ltimes B)^{\mathrm{T}} = B^{\mathrm{T}} \ltimes A^{\mathrm{T}}. \tag{2.9}$$

(5) $A \ltimes B$ 和 $B \ltimes A$ 有相同的特征函数。

(6) 如果 $A \prec_t B$, 则有

$$\det(A \ltimes B) = [\det(A)]^t \det(B). \tag{2.10}$$

如果 $A \succ_t B$, 则有

$$\det(A \ltimes B) = \det(A)[\det(B)]^t. \tag{2.11}$$

(7) 如果 $M \in \mathrm{M}_{m \times pn}$, 则 $M \ltimes I_n = M$; 如果 $M \in \mathrm{M}_{pm \times n}$, 则 $I_n \ltimes M = M$。

以上所列只是矩阵的半张量积保留矩阵普通乘法的一部分性质, 其余性质及其证明详见文献 [5]。

2.4　矩阵的半张量积的特殊性质

作为矩阵普通乘法的推广, 矩阵的半张量积不仅保留了矩阵普通乘法几乎所有的主要性质, 而且具备了自己的一些特殊性质。

(1) 矩阵和向量的伪交换律。设 $A \in \mathrm{M}_{m \times n}$, 如果 $X \in \mathrm{R}^t$ 是行向量, 则有

$$A \ltimes X = X \ltimes (I_t \otimes A). \tag{2.12}$$

如果 $X \in \mathrm{R}^t$ 是列向量, 则有

$$X \ltimes A = (I_t \otimes A) \ltimes X. \tag{2.13}$$

定义 2.3 [5]　　换位矩阵 $W_{[m,n]}$ 是一个 $mn \times mn$ 矩阵, 定义如下: 列按指标 $(11, 12, \cdots, 1n, m1, m2, \cdots, mn)$ 排列, 行按指标 $(11, 21, \cdots, m1, \cdots, 1n, 2n, \cdots, mn)$ 排列, 其位于 $((I, J), (i, j))$ 上的元素值为

$$w_{((I,J),(i,j))} = \delta_{i,j}^{I,J} = \begin{cases} 1, & I = i, J = j, \\ 0, & \text{其他}. \end{cases} \tag{2.14}$$

当 $m = n$ 时, 简记 $W_{[n,n]}$ 为 $W_{[n]}$。

(2) 向量之间的伪交换律。设 $X \in \mathrm{R}^m$ 和 $Y \in \mathrm{R}^n$ 为两个列向量, 则有

$$W_{[m,n]} \ltimes X \ltimes Y = Y \ltimes X,$$
$$W_{[n,m]} \ltimes Y \ltimes X = X \ltimes Y. \tag{2.15}$$

如果向量 $X_i \in \mathrm{R}^{n_i}$, $i = 1, 2, \cdots, m$, 则有

$$(I_{n_1 + \cdots + n_{k-1}} \otimes W_{[n_k, n_{k+1}]} \otimes I_{n_{k+2} + \cdots + n_m}) X_1 \ltimes \cdots$$
$$\ltimes X_k X_{k+1} \ltimes \cdots \ltimes X_m$$
$$= X_1 \ltimes \cdots \ltimes X_{k+1} X_k \ltimes \cdots \ltimes X_m. \tag{2.16}$$

(3) 设矩阵 $A \in \mathrm{M}_{m \times n}, B \in \mathrm{M}_{p \times q}$, 则有

$$A \otimes B = W_{[p,m]} \ltimes B \ltimes W_{[m,q]} \ltimes A$$
$$= (I_m \otimes B) \ltimes A. \tag{2.17}$$

特别地, 如果 $X \in \mathrm{R}^m, Y^{\mathrm{T}} \in \mathrm{R}^n$, 则有

$$XY = Y \ltimes W_{[m,n]} \ltimes X. \tag{2.18}$$

(4) 如果 x 是逻辑变量, 则有

$$A^2 = M_{\mathrm{r}} A, \tag{2.19}$$

其中, $M_{\mathrm{r}} = \begin{bmatrix} 1 & 0 & 0 & 0 \\ 0 & 0 & 0 & 1 \end{bmatrix}^{\mathrm{T}}$ 为降幂矩阵。

(5) 对任意的两个逻辑变量 x、y, 有

$$E_{\mathrm{d}} xy = y,$$

$$E_{\mathrm{d}} W_{[2]} xy = x, \tag{2.20}$$

其中，$E_{\mathrm{d}} = \begin{bmatrix} 1 & 0 & 1 & 0 \\ 0 & 1 & 0 & 1 \end{bmatrix}$ 为哑算子 (dummy operator)。

2.5 本 章 小 结

矩阵的半张量积将矩阵的普通乘法推广到任意两个矩阵的情形，克服了维数限制，同时保留了矩阵普通乘法几乎所有的主要性质，这在实际应用中带来了很大方便。可贵的是，由于突破了矩阵维数的限制以及换位矩阵的引入，矩阵的半张量积具有矩阵普通乘法所不具备的类似可交换性的性质，称为伪交换性。这在一定程度上克服了矩阵普通乘法没有交换律的不足。

本质上，矩阵的半张量积是为多线性运算设计的，它的思想源于计算机编程语言中的指针原理，可自动搜索高维数组中的数据层次结构。因此，矩阵的半张量积为利用矩阵方法研究非线性及多线性问题提供了一个非常有力的理论分析工具，特别是基于矩阵的半张量积，目前已发展起来了对逻辑动态系统建模非常有力的工具——逻辑动态系统代数状态空间法。

矩阵的半张量积的优势在于简单，它将矩阵的普通乘法推广到任意两个矩阵。由于保留了矩阵普通乘法几乎所有的主要性质，它几乎能应用于所有的工程和科学问题中。矩阵的半张量积已在布尔网络的分析与控制中得到了广泛应用，并发展成为布尔网络控制理论的一个基本工具；对连续动力系统的应用也有了许多新的发展，如矩阵的半张量积在电力系统暂态分析中的应用；在模糊控制、布尔函数微积分和智能系统等领域也得到了许多新的应用。

自提出以来，矩阵的半张量积有了很大发展，应用领域也在进一步拓展。同时，有学者从纯数学的角度去研究矩阵的半张量积，如矩阵半张量积的正定性、亚正定性、反序律、特征值和秩等问题。

矩阵的半张量积的缺点是，在一些应用中，计算过程中的矩阵维数会随着问题复杂性的增加而急剧增加。随着计算机处理能力的不断发展，这些缺点将被克服，应用领域能进一步扩展，正如它的提出者所言：矩阵的半张量积会在未来领军的有限及离散数学中起重要作用。

第3章 有限自动机的建模及可控性与可稳性分析

3.1 引 言

有限自动机是计算机理论与离散自动装置的数学模型，借助多种数学分析工具对离散系统的内在动态规律进行数学描述，为这类系统提供了理论分析模型、结构设计技术和算法设计依据。随着信息技术科学及微电子技术的深入发展，有限自动机理论已经渗透到信息技术的各个领域，有助于工程技术人员对实际工程系统进行理论分析、对系统结构进行综合以及对系统进行检测模拟等。

有限自动机理论与形式语言理论有着密切的联系，数理语言学为人工智能和软件科学提供了基础理论。有限自动机理论与数理语言方法论相结合，已成功应用于模式识别、概率语言和学习有限自动机等人工智能领域，成为信息科学、人工智能和计算机科学的基础理论。

有限自动机理论与控制理论也有密切的关系。一方面，有限自动机理论的发展受到控制理论的促进作用，特别是自动控制技术与数字通信技术的快速发展为有限自动机理论提供了工程技术支持。另一方面，有限自动机理论反过来又是控制理论的一部分。许多类型的自动机都是控制理论系统中的模型，如图灵自动机和理想形式的神经网络等。

有限自动机的状态转移函数体现了其动态行为。研究有限自动机动态性的传统方法是，把有限自动机的状态转移函数定义为状态转移图、离散函数和状态转移表等形式[94-99]。这些方法的物理意义直观，但非常不便于对有限自动机的结构及性质进行数学分析。本章将逻辑动态系统代数状态空间法及矩阵的半张量积引入有限自动机领域，对其动态行为进行建模；在此基础上，对其可控性、可稳性等系统特性进行分析，建立有限自动机具有这些性质的充分必要条件。此外，基于逻辑动态系统代数状态空间法及矩阵的半张量积所建立的自动机动态行为模型，分析其识别正则语言的能力，提出有限自动机识别正则语言的数学判断准则。

3.2 有限自动机的双线性动态模型

3.2.1 有限自动机概述

有限自动机常作为离散系统 (输入离散、状态离散、输出离散) 的数学模型。在这类系统中，状态的个数是有限的，各个不同状态的物理意义也不相同。在实际设计有限自动机时，根据需要可以规定特定的任务在特定的状态下完成。系统的输入也是有限的，通常是代表某些意义的字符，将有限自动机所有的输入字符放在一起可构成字母表。类似地，可以构造自动机的输出字符表。有限自动机根据当前的状态和当前读入的字符决定下一时刻的状态。

有限自动机的物理模型由输入存储带和有限状态控制器构成，如图 3.1 所示。存储带包括若干存储单元，每个存储单元只能存储字母表中的一个字符。存储带的右端可以根据实际需要进行扩展，甚至到无限。自动机的控制器也只有有限个状态。控制器借助读写头读取存储带上当前单元存放的字符，起初时刻，控制器的读写头指向存储带的最左边，随着时间的推移，读写头每读取一个字符就指向紧邻右边的存储单元，不能指向左边的单元。

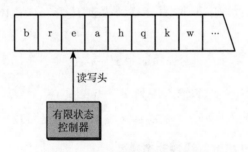

图 3.1 有限自动机的物理模型

有限自动机的一个动作为，读写头读出存储带上当前单元的字符，有限状态控制器根据当前的状态和读出的字符改变当前的状态，并将读写头向右移动一个单元。

定义 3.1 [95] 七元组 $A = (X, E, Y, f, g, x^0, X^m)$ 称为字母表 E 上的有限自动机。其中，X 是有限状态的集合；E 是字母表，即输入带上所有字符的集合；Y 是输出字符集；$x^0 \in X$ 是初始状态；$X^m \subset X$ 是终止状态 (也称接受状态) 的集合; f 是 $X \times E \to X$ 上的状态转移函数, 即 $f(x, e) = x'$ 代表自动机在状态 x 时扫描字符 e 后到达状态 x'; g 是 $X \times E \to Y$ 上的输出转移函数, 即 $g(x, e) = y$ 代表自动机在状态 x 时扫描字符 e 后输出字符 y。

注 3.1 根据实际问题的需要, 如果不关心有限自动机的输出, 字母表 E 上的有限自动机可定义为五元组 $A = (X, E, f, x^0, X^m)$; 如果考虑有限自动机的输出, 但不考虑其识别语言的功能, 字母表 E 上的有限自动机又可定义为六元组 $A = (X, E, Y, f, g, x^0)$。

如果对于任意的状态 $x \in X$ 和任意的字符 $e \in E$ 有 $|f(x, e)| \leqslant 1$, 即自动机在读入一个字符后转移到一个状态或者保持不变, 那么一个有限自动机称为确定的有限自动机; 若有 $|f(x, e)| > 1$, 则称为不确定的有限自动机。确定的有限自动机和不确定的有限自动机统称为有限自动机。

用 E^* 表示字母表 E 上所有字符串的集合, 不包括空转移。对于给定的字符串 $e = e_1 e_2 \cdots e_t \in E^*$, 定义

$$f(x, e) = f(f(\cdots f(f(x, e_1), e_2), \cdots), e_t).$$

其物理意义是, 自动机从初始状态 x 开始, 首先读取字符 e_1 并转移到状态 $f(x, e_1)$, 然后在状态 $f(x, e_1)$ 读取字符 e_2 并转移到状态 $f(f(x, e_1), e_2)$, 依次类推。

称

$$x \xrightarrow{e_1} x' \xrightarrow{e_2} x'' \xrightarrow{e_3} \cdots$$

为有限自动机关于状态 x 和输入序列 $e = e_1 e_2 \cdots e_t \in E^*$ 的一条路径。如果 $f(x, e) \in X^m$, 那么输入序列 $e = e_1 e_2 \cdots e_t \in E^*$ 称为是可接受的。

3.2.2 确定有限自动机的双线性动态模型

利用逻辑动态系统代数状态空间法对有限自动机的动态性进行建模, 需要做以下准备工作。

对于给定的有限自动机 $A = (X, E, Y, f, g, x^0, X^m)$, 其中, $X = \{x_1, x_2, \cdots, x_n\}$, $E = \{e_1, e_2, \cdots, e_m\}$, $Y = \{y_1, y_2, \cdots, y_l\}$。用 $\delta_n^i (i = 1, 2, \cdots, n)$ 标识状态 $x_i (i = 1, 2, \cdots, n)$, 并称 δ_n^i 为状态 x_i 的向量形式。因此, 状态集合 X 可以表示为 Δ_n, 即 $X = \{\delta_n^1, \delta_n^2, \cdots, \delta_n^n\}$。类似地, 将字母表 E 中的字符 e_j 标识为 $\delta_m^j (j = 1, 2, \cdots, m)$, 并称 δ_m^j 为字符 e_j 的向量形式。同样, 字母表 E 可以表示为 Δ_m, 即 $E =$

$\{\delta_m^1, \delta_m^2, \cdots, \delta_m^m\}$。将字母表 Y 中的字符 y_k 标识为 $\delta_l^k (1 \leqslant k \leqslant l)$，并称 δ_l^k 为输出字符 y_k 的向量形式。从而，输出集 Y 可以表示为 Δ_l，即 $Y = \{\delta_l^1, \delta_l^2, \cdots, \delta_l^l\}$。在不引起歧义的情况下，这两种标识方法可以相互替换使用。

有了以上准备工作，有限自动机的状态转移 $x_i \in f(x_j, e_h)$ 就可以表示为 $\delta_n^i \in f(\delta_n^j, \delta_m^h)$，输出动作 $y_i \in g(x_j, e_h)$ 就可表示为 $\delta_l^i \in g(\delta_n^j, \delta_m^h)$。

定义 3.2 [100]　矩阵 $F = [F_1 \quad F_2 \quad \cdots \quad F_m]$ 称为有限自动机 A 的转移结构矩阵 (transition structure matrix)，其中，

$$F_{i(s,t)} = \begin{cases} 1, & \delta_n^s \in f(\delta_n^t, \delta_m^i), \\ 0, & \delta_n^s \notin f(\delta_n^t, \delta_m^i). \end{cases} \tag{3.1}$$

由定义 3.2 可以看出，F_i 由字符 e_i 唯一确定。实质上，F_i 是有限自动机 A 的状态转移图中以 e_i 为标识的子图的邻接矩阵 [101]，有些学者称之为转移矩阵 (transition matrix) 的转置 [102,103]。另外，对于确定的有限自动机，转移结构矩阵 F 的每一列最多有一个非零元素；对于不确定的有限自动机，转移结构矩阵 F 的某一列可能含有多个非零元素。

利用逻辑动态系统代数状态空间法及矩阵的半张量积可以将有限自动机的状态转移函数表示为代数形式。下面先考虑确定的有限自动机。

定理 3.1　设 $F = [F_1 \quad F_2 \quad \cdots \quad F_m]$ 是确定有限自动机 $A = (X, E, Y, f, g, x^0, X^m)$ 的转移结构矩阵，$X = \{x_1, x_2, \cdots, x_n\}$，$E = \{e_1, e_2, \cdots, e_m\}$，$Y = \{y_1, y_2, \cdots, y_l\}$。那么，有限自动机 A 在任意状态 x_i 处读入序列 $e = e_1 e_2 \cdots e_t \in E^*$ 后，新的状态为

$$x_j = \tilde{F}^t \ltimes \delta_n^i \ltimes u(t), \tag{3.2}$$

其中，

(1) $u(t) = \ltimes_i^t \delta_m^i = \delta_m^1 \ltimes \delta_m^2 \ltimes \cdots \ltimes \delta_m^t$。

(2) δ_m^j 是输入字符 e_j 的向量形式，$j = 1, 2, \cdots, t$。

(3) δ_n^i 是状态 x_i 的向量形式，$i = 1, 2, \cdots, n$。

(4) $\tilde{F} = F \ltimes W_{[n,m]}$。

证明　分为两个步骤。先证明有限自动机 A 的转移函数 $f : X \times E \to 2^X$ 可以表示为矩阵形式 $f : \Delta_n \times \Delta_m \to 2^{\Delta_n}$，其中，

$$f(\delta_n^i, \delta_m^j) = F \ltimes \delta_m^j \ltimes \delta_n^i \tag{3.3}$$

或者

$$f(\delta_n^i, \delta_m^j) = \tilde{F} \ltimes \delta_n^i \ltimes \delta_m^j, \tag{3.4}$$

其中,

(1) $\tilde{F} = F \ltimes W_{[n,m]}$。

(2) δ_m^j 和 δ_n^i 分别是输入字符 e_j 和状态 x_i 的向量形式, $i = 1, 2, \cdots, n, j = 1, 2, \cdots, m$。

(3) 2^{Δ_n} 是 2^X 的向量形式。

事实上, 如果有限自动机 A 在状态 x_i 处读入字符 e_j 之后转移到状态 x_k, $k = 1, 2, \cdots, n$, 即

$$f(x_i, e_j) = x_k,$$

那么根据定义 3.2, $\mathrm{col}_i(F_j)$ 的第 k 个元素等于 1, 其他元素全部为 0, 即

$$\mathrm{col}_i(F_j) = \delta_n^k.$$

另外, 由直接的计算可知

$$F \ltimes \delta_m^j \ltimes \delta_n^i = \delta_n^k.$$

注意到 δ_n^k 是状态 x_k 的向量形式, 可得

$$f(x_i, e_j) = F \ltimes \delta_m^j \ltimes \delta_n^i.$$

因此, 式 (3.3) 成立。将式 (2.16) 代入式 (3.3) 即可得到式 (3.4)。

接下来, 证明式 (3.2) 成立。对于输入序列 $e = e_1 e_2 \cdots e_t$, 根据有限自动机读入字符序列的动态性可得

$$
\begin{aligned}
& f(x_i, e) \\
={}& f(\cdots f(f(f(f(x_i, e_1), e_2), e_3), \cdots), e_t) \\
={}& f(\cdots f(f(f(\tilde{F} \ltimes \delta_n^i \ltimes \delta_m^1, e_2), e_3), \cdots), e_t) \\
={}& f(\cdots f(f(f(\tilde{F} \ltimes \tilde{F} \ltimes \delta_n^i \ltimes \delta_m^1 \ltimes \delta_m^2, e_3), \cdots), e_t) \\
& \qquad\qquad\qquad \vdots \\
={}& \underbrace{\tilde{F} \ltimes \cdots \ltimes \tilde{F}}_{t} \ltimes \delta_n^i \ltimes \delta_m^1 \ltimes \delta_m^2 \ltimes \cdots \ltimes \delta_m^t
\end{aligned}
$$

$$= \tilde{F}^t \ltimes \delta_n^i \ltimes u(t).$$

由以上证明过程可知式 (3.2) 成立。证毕。

注 3.2 文献 [55] 也对有限自动机的动态行为进行了建模。在这种建模方法中，将自动机 t 时刻的状态定义为一个向量，向量的第 i 个分量为 t 时刻从初始状态到第 i 个状态可达路径的条数，因而建立的模型屏蔽了从初始状态到第 i 个状态可达路径的具体信息，即不知道自动机从初始状态经过哪些中间状态到达第 i 个状态。这种模型的优点是对确定的有限自动机和不确定的有限自动机均适用。本章的建模方法是将有限自动机的自然状态定义为新模型中的状态，这样所得的模型不会屏蔽路径的具体信息，从而能够在该模型的基础上建立算法，并求出每一时刻任意两个状态之间所有的可达路径。缺点是需要对模型进行进一步改进才能适用于不确定的有限自动机。

类似定义 3.2，可以定义有限自动机 A 的输出结构矩阵 $G = [G_1 \ \ G_2 \ \ \cdots \ \ G_m]$。

定义 3.3 矩阵 $G = [G_1 \ \ G_2 \ \ \cdots \ \ G_m]$ 为有限自动机 A 的输出结构矩阵 (output structure matrix)，其中，

$$G_{i(s,t)} = \begin{cases} 1, & \delta_l^s \in g(\delta_n^t, \ \delta_m^i), \\ 0, & \delta_l^s \notin g(\delta_n^t, \ \delta_m^i). \end{cases} \tag{3.5}$$

基于定义 3.3，可以建立有限自动机 A 的输出动态方程。

定理 3.2 设 $G = [G_1 \ \ G_2 \ \ \cdots \ \ G_m]$ 是确定有限自动机 $A = (X, E, Y, f, g, x^0, X^m)$ 的转移结构矩阵，$X = \{x_1, x_2, \cdots, x_n\}$，$E = \{e_1, e_2, \cdots, e_m\}$，$Y = \{y_1, y_2, \cdots, y_l\}$。那么，有限自动机 A 在任意状态 $x_i(i = 1, 2, \cdots, n)$ 处读入序列 $e = e_1 e_2 \cdots e_t \in E^*$ 后，输出为

$$y_j = \tilde{G}^t \ltimes \delta_n^i \ltimes u(t), \tag{3.6}$$

其中，

(1) $u(t) = \ltimes_i^t \delta_m^i = \delta_m^1 \ltimes \delta_m^2 \ltimes \cdots \ltimes \delta_m^t$。

(2) δ_m^j 是输入字符 e_j 的向量形式，$j = 1, 2, \cdots, t$。

(3) δ_n^i 是状态 x_i 的向量形式，$i = 1, 2, \cdots, n$。

(4) $\tilde{G} = G \ltimes W_{[l,m]}$。

证明 证明过程与定理 3.1 相似，此处略去。

3.2.3　不确定有限自动机的双线性动态模型

下面对不确定有限自动机的动态行为进行建模。先引入以下符号。

对于实数域 $\mathbb{R}$ 上的向量 η, 约定 $\Delta(\eta) \stackrel{\text{def}}{=\!=} \{\delta_n^k | \eta$ 的第 k 个元素不为零$\}$。对于实矩阵 $M \in \mathrm{M}_{m \times n}$, 约定

$$\Omega(M) \stackrel{\text{def}}{=\!=} \{\alpha | \alpha \in \Delta(\mathrm{col}_i(M)), i = 1, 2, \cdots, n\}.$$

例如, 设 $\eta = [1, 0, 1]^{\mathrm{T}}$, 那么 $\Delta(\eta) = \{\delta_3^1, \delta_3^3\}$。设

$$M = \begin{bmatrix} 1 & 0 & 1 \\ 0 & 1 & 1 \\ 1 & 0 & 0 \end{bmatrix},$$

因此, $\Omega(M) = \{\delta_3^1, \delta_3^3, \delta_3^2, \delta_3^1, \delta_3^2\}$。

对于不确定有限自动机 A, 规定

$$f(S, e) = \{f(x, e) | x \in S, S \in 2^X\}, \tag{3.7}$$

$$\tilde{F} \ltimes \Omega_n \ltimes \delta_m^j = \{\tilde{F} \ltimes \delta_n^i \ltimes \delta_m^j | \delta_n^i \in \Omega_n, \Omega_n \in 2^{\Delta_n}\}. \tag{3.8}$$

定理 3.3　设 $F = [F_1 \quad F_2 \quad \cdots \quad F_m]$ 是不确定有限自动机 $A = (X, E, Y, f, g, x^0, X^m)$ 的转移结构矩阵, $X = \{x_1, x_2, \cdots, x_n\}$, $E = \{e_1, e_2, \cdots, e_m\}$, $Y = \{y_1, y_2, \cdots, y_l\}$。那么, 不确定有限自动机 A 在任意状态 $x_i(i = 1, 2, \cdots, n)$ 处读入序列 $e = e_1 e_2 \cdots e_t \in E^*$ 后, 新的状态 (集) 为

$$X_j = \Delta\left(\tilde{F}^t \ltimes \delta_n^i \ltimes u(t)\right), \tag{3.9}$$

其中,

(1) $u(t) = \ltimes_i^t \delta_m^i = \delta_m^1 \ltimes \delta_m^2 \ltimes \cdots \ltimes \delta_m^t$。

(2) δ_m^j 是输入字符 e_j 的向量形式, $j = 1, 2, \cdots, t$。

(3) δ_n^i 是状态 x_i 的向量形式, $i = 1, 2, \cdots, n$。

(4) $\tilde{F} = F \ltimes W_{[n,m]}$。

证明　思路与定理 3.1 相似。先证明不确定有限自动机 A 的转移函数 $f: X \times E \to 2^X$ 可以表示为矩阵形式 $f: \Delta_n \times \Delta_m \to 2^{\Delta_n}$, 其中,

$$f(\delta_n^i, \delta_m^j) = \Delta(F \ltimes \delta_m^j \ltimes \delta_n^i) \tag{3.10}$$

或者

$$f(\delta_n^i, \delta_m^j) = \Delta(\tilde{F} \ltimes \delta_n^i \ltimes \delta_m^j), \tag{3.11}$$

其中,

(1) $\tilde{F} = F \ltimes W_{[n,m]}$。

(2) δ_m^j 和 δ_n^i 分别是输入字符 e_j 和状态 x_i 的向量形式, $j = 1, 2, \cdots, m$, $i = 1, 2, \cdots, n$。

(3) 2^{Δ_n} 是 2^X 的向量形式。

假设不确定有限自动机 A 在状态 x_i 处读入字符 e_j 后转移到状态 $x_{k_1}, x_{k_2}, \cdots, x_{k_p}$, $p = 1, 2, \cdots, n$, 即

$$f(x_i, e_j) = \{x_{k_1}, x_{k_2}, \cdots, x_{k_p}\}.$$

由定义 3.2 可知, $\mathrm{col}_i(F_j)$ 的第 k_1 个、第 k_2 个、$\cdots$、第 k_p 个元素为 1, 其他元素全为 0。直接计算可得

$$\Delta(F \ltimes \delta_m^j \ltimes \delta_n^i) = \{\delta_n^{k_1}, \delta_n^{k_2}, \cdots, \delta_n^{k_p}\}. \tag{3.12}$$

另外, $\delta_n^{k_1}, \delta_n^{k_2}, \cdots, \delta_n^{k_p}$ 分别是状态 $x_{k_1}, x_{k_2}, \cdots, x_{k_p}$ 的向量形式, 因此有

$$f(x_i, e_j) = \Delta(F \ltimes \delta_m^j \ltimes \delta_n^i).$$

另外, 如果 $\Delta(F \ltimes \delta_m^j \ltimes \delta_n^i)$ 非空, 例如, $\delta_n^k \in \Delta(F \ltimes \delta_m^j \ltimes \delta_n^i)$, 那么 $\mathrm{col}_i(F_j)$ 的第 k 个元素等于 1。这表明输入字符 e_j 可以将自动机由状态 x_i 移动到 x_k。因此, 式 (3.10) 成立。将式 (2.15) 代入式 (3.10), 即可得到式 (3.11)。

下面证明式 (3.9) 成立。

对于输入序列 $e = e_1 e_2 \cdots e_t \in E^*$, 由式 (3.7) 和式 (3.8) 可得

$$\begin{aligned}
&f(x_i, e) \\
&= f(\cdots f(f(f(x_i, e_1), e_2), \cdots), e_t) \\
&= f(\cdots f(f(\Delta(\tilde{F} \ltimes \delta_n^i \ltimes \delta_m^1), e_2), \cdots), e_t) \\
&= f(\cdots \tilde{F} \ltimes (\Delta(\tilde{F} \ltimes \delta_n^i \ltimes \delta_m^1) \ltimes \delta_m^2, \cdots), e_t) \\
&\qquad\qquad\qquad \vdots \\
&= \underbrace{\tilde{F} \ltimes \cdots \ltimes \tilde{F}}_{t-1} \ltimes \Delta(\tilde{F} \ltimes \delta_n^i \ltimes \delta_m^1) \ltimes \delta_m^2 \ltimes \cdots \ltimes \delta_m^t
\end{aligned}$$

$$= \tilde{F}^{t-1} \ltimes \Delta(\tilde{F} \ltimes \delta_n^i \ltimes \delta_m^1) \ltimes \delta_m^2 \ltimes \cdots \ltimes \delta_m^t$$

$$= \Delta(\tilde{F}^{t-1} \ltimes \tilde{F} \ltimes \delta_n^i \ltimes \delta_m^1 \ltimes \delta_m^2 \ltimes \cdots \ltimes \delta_m^t)$$

$$= \Delta(\tilde{F}^t \ltimes \delta_n^i \ltimes u(t)).$$

由此可知式 (3.9) 成立。证毕。

注 3.3　(1) 如果由定理 3.3 得到的状态集 X_j 的所有元素均是零向量 0_n，那么输入序列 $e = e_1 e_2 \cdots e_t \in E^*$ 使不确定的有限自动机 A 保持在原状态。

(2) 传统的研究方法对确定的有限自动机和不确定的有限自动机分别采用不同的方式进行状态转移和输出动态的讨论。基于逻辑系统代数状态空间法所采用的研究方法可对确定的有限自动机和不确定的有限自动机进行统一讨论，这为进一步研究有限自动机的其他问题带来很多方便。

3.3　有限自动机的可控性与可稳性分析

关于有限自动机的可控性与可稳性有不同的定义 [100,104]，本书采用文献 [100] 中对可控性与可稳性的定义。

3.3.1　可控性的条件

定义 3.4 [100]

(1) 如果存在输入序列 $e = e_1 e_2 \cdots e_t \in E^*$ 使得有限自动机 $A = (X, E, Y, f, g, x^0, X^m)$ 从初始状态 $x^0 = x_i$ 转移到状态 $x_j \in X$，则状态 $x_i \in X$ 称为可控到状态 $x_j \in X$，即

$$x(t+1) = x_j,$$

其中，$x(t+1)$ 表示有限自动机 A 在 $t+1$ 时刻所处的状态。

输入序列 $e = e_1 e_2 \cdots e_t \in E^*$ 称为状态 $x_i \in X$ 到状态 $x_j \in X$ 的控制序列。$x_i \xrightarrow{e_1} \cdots \xrightarrow{e_t} x_j$ 称为控制路径。

(2) 如果 $x_i \in X$ 可控到 X 中的任意状态，那么状态 $x_i \in X$ 称为可控的。设 $X = X_1 \cup X_2$，且 $X_1 \cap X_2 = \varnothing$，其向量形式表示为

$$\Delta_n = \Delta_n^1 \cup \Delta_n^2,$$

且

$$\Delta_n^1 \cap \Delta_n^2 = \varnothing,$$

其中, Δ_n^1 和 Δ_n^2 分别是 X_1 和 X_2 的向量形式。

例如, 有 $X = \{x_1, x_2, x_3, x_4, x_5\}$, $X_1 = \{x_1, x_3, x_5\}$, $X_2 = \{x_2, x_4\}$, 可得 $\Delta_5^1 = \{\delta_5^1, \delta_5^3, \delta_5^5\}$, $\Delta_5^2 = \{\delta_5^2, \delta_5^4\}$。

(3) 考虑两组状态 X_1 和 X_2, 如果对于状态 X_2 中的任意状态 $x_j \in X_2$, 存在 $x_i \in X_1$ 使得 x_i 可控到 x_j, 那么状态组 $X_1 \subseteq X$ 称为可控的。

(4) 对于任意的 $x^0 = x_i \in X_1$ 和任意给定的输入, 如果存在输入 $e_j \in E$ 使得 $f(x_i, e_j) = x_j \in X_1$, 那么这组状态 $X_1 \subseteq X$ 称为一步可返的 (1-step returnable)。

(5) 对于 $x^0 = x_i$, 如果存在输入序列 $e = e_1 e_2 \cdots e_i \in E^*$ 使得 $x(t+1) = x_j$, 那么状态 $x_j \in X$ 称为从状态 $x_i \in X$ 可达的。

(6) 对于 X_1 中的任意状态 $x_i \in X_1$, 如果存在状态 $x_j \in X_2$ 使得状态 x_j 从 x_i 可达, 那么这一组状态 $X_1 \subseteq X$ 称为可达的。

(7) 如果状态组 X_1 是可达的且同时是一步可返的, 那么状态组 $X_1 \subseteq X$ 称为可稳的。

由定理 3.1 以及有限自动机状态转移的物理意义, 可给出如下状态转移矩阵的定义。

定义 3.5 称式 (3.2) 中的 $\tilde{F}^t \ltimes \delta_n^i$ 为有限自动机 A 的关于状态 x_i 和输入序列 $e = e_1 e_2 \cdots e_t \in E^*$ 的状态转移矩阵, 记为 $M(x_i, t)$, 即 $M(x_i, t) = \tilde{F}^t \ltimes \delta_n^i$。

给定有限自动机 $A = (X, E, Y, f, g, x^0, X^m)$, 其中 $X = \{x_1, x_2, \cdots, x_n\}$, $E = \{e_1, e_2, \cdots, e_m\}$。如前所述, 将状态 x_i 标识为 $\delta_n^i (i = 1, 2, \cdots, n)$, 将字符 e_j 标识为 $\delta_m^j (j = 1, 2, \cdots, m)$。关于有限自动机 A 的可控性问题, 有下列定理。

定理 3.4 设 $M(x^0, t)$ 是有限自动机 $A = (X, E, Y, f, g, x^0, X^m)$ 的关于初始状态 x^0 和长度为 t 的输入序列的状态转移矩阵, 那么初始状态 $x^0 = \delta_n^p$ 经过 t 步可控到目标状态 $x^* = \delta_n^q$ 的充分必要条件是 $\delta_n^q \in \mathrm{col}(M(x^0, t))$。

证明 (必要性) 如果初始状态 $x^0 = \delta_n^p$ 经由长度为 t 的输入序列 $e = e_1 e_2 \cdots e_t \in E^*$ 可控到目标状态 $x^* = \delta_n^q$, 根据定理 3.1 可得

$$x^* = \delta_n^q$$
$$= \tilde{F}^t \ltimes \delta_n^p \ltimes u(t)$$

$$= M(x_p, t) \ltimes u(t),$$

其中，$u(t) = \ltimes_i^t \delta_m^i = \delta_m^1 \ltimes \delta_m^2 \ltimes \cdots \ltimes \delta_m^t$；$\delta_m^j$ 是字符 e_j 的向量形式，$j = 1, 2, \cdots, t$。

$u(t)$ 是一个向量，且其元素只有一个为 1，其他全为 0，因此可得

$$x^* = \delta_n^q \in \mathrm{col}(M(x_p, t)). \tag{3.13}$$

由此可知

$$\delta_n^q \in \mathrm{col}(M(x^0, t)).$$

必要性得证。

(充分性) 通过直接计算可知

$$\mathrm{col}_i(M(x^0, t)) \in \Delta_n, \quad i = 1, 2, \cdots, m^t, \tag{3.14}$$

这表明 $M(x^0, t)$ 的每一列均是单位矩阵的某一列。

如果 $\delta_n^q \in \mathrm{col}(M(x^0, t))$，那么 $u(t) = \delta_{m^t}^k$ 是下列关于 x 为变量的方程的解：

$$M(x^0, t) \ltimes x = \delta_n^q. \tag{3.15}$$

注意到，$u(t) = \delta_{m^t}^k$ 可以看作 t 个字符 $e_1, e_2, \cdots, e_t$ 的向量形式的半张量积，即 $u(t) = \delta_m^1 \ltimes \delta_m^2 \ltimes \cdots \ltimes \delta_m^t$，$\delta_m^j$ 是字符 e_j 的向量形式，$j = 1, 2, \cdots, t$。比较式 (3.15) 与式 (3.2) 可知，输入序列 $e = e_1 e_2 \cdots e_t$ 是能将有限自动机 A 从状态 $x^0 = \delta_n^p$ 控制到状态 $x^* = \delta_n^q$ 的控制序列。由可控性的定义 3.4 可知，初始状态 $x^0 = \delta_n^p$ 可控到目标状态 $x^* = \delta_n^q$。

此外，根据文献 [18] 可以通过求解下列 t 元方程得到输入序列 $e = e_1 e_2 \cdots e_t \in E^*$：

$$\ltimes_{i=1}^t e_i = \delta_{m^t}^k, \tag{3.16}$$

其中，$e_i \in \Delta_m$。

定理得证。

由定理 3.4 可以得到以下推论。

推论 3.1　设 $M(x^0, t)$ 是有限自动机 $A = (X, E, Y, f, g, x^0, X^m)$ 的关于初始状态 x^0 和长度为 t 的输入序列的状态转移矩阵。那么，有限自动机 A 由初始状态

$x^0 = \delta_n^p$ 到目标状态 $x^* = \delta_n^q$ 的控制路径的条数为 $n(x_p, x_q, t)$，$n(x_p, x_q, t)$ 等于矩阵 $M(x^0, t)$ 中列为 δ_n^q 的个数。

推论 3.2 设 $M(x^0, t)$ 是有限自动机 $A = (X, E, Y, f, g, x^0, X^m)$ 的关于初始状态 x^0 和长度为 t 的输入序列的状态转移矩阵。那么，初始状态 $x^0 = \delta_n^p$ 为可控的充分必要条件是存在正整数 t 使得

$$\Delta_n \subseteq \mathrm{col}(M(x_p, t)). \tag{3.17}$$

推论 3.3 设 $M(x^0, t)$ 是有限自动机 $A = (X, E, Y, f, g, x^0, X^m)$ 的关于初始状态 x^0 和长度为 t 的输入序列的状态转移矩阵。那么，一组状态 $X_1 \subset X$ 为可控的充分必要条件是存在正整数 t 使得

$$\Delta_n^2 \subseteq \mathrm{col}(M(X_1, t)), \tag{3.18}$$

其中，$X_1 \cup X_2 = X$；$X_1 \cap X_2 = \varnothing$；$\Delta_n^2$ 是状态组 X_2 的向量形式；$M(\cdot, t)$ 定义如下：

对于一组状态 $P = \{x_1, x_2, \cdots, x_n\} \subset X$ 和时间步 t，$M(P, t)$ 是由 k 个矩阵 $M(x_1, t), M(x_2, t), \cdots, M(x_k, t)$ 的列的并集构成的矩阵。

例 3.1 设 $X = \{x_1, x_2, x_3, x_4, x_5\}$，$A = \{x_1, x_2, x_3\}$，$t = 2$，其中，

$$M(x_1, 2) = \begin{bmatrix} 0 & 0 \\ 1 & 0 \\ 0 & 0 \\ 0 & 0 \\ 0 & 1 \end{bmatrix} = \delta_5[2, 5],$$

$$M(x_2, 2) = \begin{bmatrix} 0 & 1 & 0 \\ 1 & 0 & 0 \\ 0 & 0 & 0 \\ 0 & 0 & 1 \\ 0 & 0 & 0 \end{bmatrix} = \delta_5[2, 1, 4],$$

$$M(x_3, 2) = \begin{bmatrix} 1 & 0 \\ 0 & 1 \\ 0 & 0 \\ 0 & 0 \\ 0 & 0 \end{bmatrix} = \delta_5[1, 2].$$

则有

$$M(A, 2) = \begin{bmatrix} 1 & 0 & 0 & 0 \\ 0 & 1 & 0 & 0 \\ 0 & 0 & 0 & 0 \\ 0 & 0 & 1 & 0 \\ 0 & 0 & 0 & 1 \end{bmatrix} = \delta_5[1, 2, 4, 5].$$

证明　由矩阵 $M(X_1, t)$ 的定义和定理 3.4 可知, $\mathrm{col}(M(X_1, t))$ 的向量形式是有限自动机 A 的一组状态, 其中的每个状态 x_i 对应 X_1 中可控到 x_i 的一个状态。根据定义 3.4 的第 (3) 条, 结论成立。

与推论 3.3 的证明相似, 可以证明下列关于有限自动机 $A = (X, E, Y, f, g, x^0, X^m)$ 可达性的结论。

推论 3.4　设 $M(x^0, t)$ 是有限自动机 $A = (X, E, Y, f, g, x^0, X^m)$ 的关于初始状态 x^0 和长度为 t 的输入序列的状态转移矩阵。那么, 一组状态 $X_1 \subset X$ 为可达的充分必要条件是

$$\Delta_n^1 \subseteq \mathrm{col}(M(X_2, t)), \tag{3.19}$$

其中, $X_1 \cup X_2 = X$; $X_1 \cap X_2 = \varnothing$; Δ_n^1 是状态组 X_1 的向量形式; $M(\cdot, t)$ 的定义如推论 3.3。

注 3.4　文献 [104] 也研究了有限自动机的可控性问题, 采用类似状态方程的方法得到有限自动机可达性的充分必要条件。这种方法可以判断给定的一个状态是否可控到另一个状态, 但是不能给出有限自动机内部的动态信息, 即不能确定其控制序列和控制路径。本章利用逻辑动态系统代数状态空间法给出了有限自动机可控性的充分必要条件, 该条件不仅可以判断任意两个状态之间是否可控, 还可以给出有限自动机的内部运动信息, 即对于任意两个可控的状态, 能够给出这两个状态之间的可控路径和可控序列。因此, 这无疑提供了有限自动机较为全面的内部运

动信息。

基于定理 3.4 的证明，可以建立以下算法，求得所有由初始状态 $x^0 = \delta_n^p$ 到目标状态 $x^* = \delta_n^q$ 长度为 t 的控制序列。

算法 3.1 给定有限自动机 $A = (X, E, Y, f, g, x^0, X^m)$，$X = \{x_1, x_2, \cdots, x_n\}$，$E = \{e_1, e_2, \cdots, e_m\}$。设 F 是 A 的转移结构矩阵。将状态 x_i 标识为 $\delta_n^i (i = 1, 2, \cdots, n)$，将字符 e_j 标识为 $\delta_m^j (j = 1, 2, \cdots, m)$。通过以下步骤可求得所有由初始状态 $x^0 = \delta_n^p$ 到目标状态 $x^* = \delta_n^q$ 长度为 t 的控制序列。

步骤 1 计算矩阵 $M(x^0, t) = \tilde{F}^t \ltimes \delta_n^p$。

步骤 2 检查 $\delta_n^q \in \mathrm{col}(M(x^0, t))$ 是否成立。若不成立，则初始状态 $x^0 = \delta_n^p$ 不可控到目标状态 $x^* = \delta_n^q$，算法结束；若成立，则标记 $M(x^0, t)$ 中的这些列 $\delta_n^q \in \mathrm{col}(M(x^0, t))$，并构造集合

$$K = \{i | \delta_n^q = \mathrm{col}_i(M(x^0, t))\}.$$

步骤 3 对 K 中的每一元素 $l \in K$，令 $\ltimes_{i=1}^t \delta_m^i = \delta_{m^t}^l$ 和

$$\begin{cases} S_{1,m}^t = I_m \otimes 1_{m^{t-1}}, \\ S_{2,m}^t = [\underbrace{I_m \otimes 1_{m^{t-2}} \cdots I_m \otimes 1_{m^{t-2}}}_{m}], \\ \quad\quad\quad \vdots \\ S_{m-1,m}^t = [\underbrace{I_m \otimes 1_m \cdots I_m \otimes 1_m}_{m^{t-2}}], \\ S_{m,m}^t = [\underbrace{I_m \cdots I_m}_{m^{t-1}}], \end{cases}$$

进而可得

$$e_j \sim \delta_m^j = S_{j,m}^t \ltimes \delta_{m^t}^l, \quad j = 1, 2, \cdots, t. \tag{3.20}$$

由式 (3.20) 所得的 $(e_1, e_2, \cdots, e_t)$，可得到对应于 l 的一个长度为 t 的控制序列为 $P_l = e_1 e_2 \cdots e_t$。

步骤 4 所有长度为 t 的控制序列为

$$\{P_l | l \in K, P_l \text{由上述步骤 1}\sim \text{步骤 3 所得}\}. \tag{3.21}$$

3.3.2　可稳性的条件

下面考虑有限自动机的可稳性问题。

引理 3.1　给定有限自动机 $A = (X, E, Y, f, g, x^0, X^m)$, $X_1 \cup X_2 = X$, $X_1 \cap X_2 = \varnothing$, $E = \{e_1, e_2, \cdots, e_m\}$。将状态 x_i 标识为 $\delta_n^i (i = 1, 2, \cdots, n)$, 将字符 e_j 标识为 $\delta_m^j (j = 1, 2, \cdots, m)$。一组状态 $X_1 \subseteq X$ 为一步可返的充分必要条件是存在 $\delta_m^i \in \Delta_m$ 使得

$$S(\Delta_n^1, \delta_m^i) \subseteq \Delta_n^1, \tag{3.22}$$

其中,

$$S(\Delta_n^1, \delta_m^i) = \{\tilde{F} \ltimes \delta_n^j \ltimes \delta_m^i | \delta_n^j \in \Delta_n^1\}. \tag{3.23}$$

证明　由定理 3.4 可知, 状态 δ_n^j 可由字符 δ_m^i 控制到状态 $\tilde{F} \ltimes \delta_n^j \ltimes \delta_m^i$。因此, $S(\Delta_n^1, \delta_m^i)$ 中的状态均可由字符 δ_m^i 控制到状态 $\tilde{F} \ltimes \delta_n^j \ltimes \delta_m^i$。根据定义 3.4 的第 (4) 条, 结论成立。

定理 3.5　给定有限自动机 $A = (X, E, Y, f, g, x^0, X^m)$, $X_1 \cup X_2 = X$, $X_1 \cap X_2 = \varnothing$, $E = \{e_1, e_2, \cdots, e_m\}$。将状态 x_i 标识为 $\delta_n^i (i = 1, 2, \cdots, n)$, 将字符 e_j 标识为 $\delta_m^j (j = 1, 2, \cdots, m)$。一组状态 $X_1 \subseteq X$ 为可稳 (由长度为 t 的输入序列实现) 的充分必要条件是存在 $\delta_m^i \in \Delta_m$ 使得

$$S(\Delta_n^1, \delta_m^i) \subseteq \Delta_n^1 \subseteq \mathrm{col}(M(X_2, t)). \tag{3.24}$$

证明　因为 X_1 为可稳的充分必要条件是 X_1 可达且是一步可返的, 由引理 3.1 和推论 3.4 易知结论成立。事实上, $S(\Delta_n^1, \delta_m^i) \subseteq \Delta_n^1$ 满足引理 3.1 中的条件, 保证状态集 $X_1 \subseteq X$ 是一步可返的; $\Delta_n^1 \subseteq \mathrm{col}(M(X_2, t))$ 满足推论 3.4 中的条件, 保证状态集 $X_1 \subseteq X$ 是可达的。

定理证毕。

3.3.3　验证实例

下面利用文献 [95] 中的一个实例来验证本节所得结论及算法的正确性。该实例产生语言 $\{\omega | \omega \in \{1, 2, 3\}^+, \omega$ 可被 4 整除$\}$。其中, $\{1, 2, 3\}^+$ 是由数字 1、2、3 所构成的所有非空序列的集合。

考虑如图 3.2 所示的有限自动机 $A = (X, E, Y, f, g, x^0, X^m)$，其中，状态集为 $X = \{x_1, x_2, x_3, x_4, x_5\}$，字母表为 $E = \{1, 2, 3\}$，初始状态为 $x^0 = x_1$，接受状态集为 $X^m = \{x_5\}$。

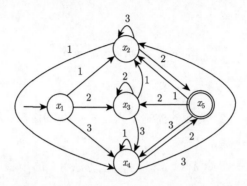

图 3.2 自动机模型：接受由 1、2、3 构成的能被 4 整除的语言

A 的转移结构矩阵为

$$F = \begin{bmatrix} 0 & 0 & 0 & 0 & 0 & 0 & 0 & 0 & 0 & 0 & 0 & 0 & 0 & 0 & 0 \\ 1 & 0 & 1 & 0 & 1 & 0 & 0 & 0 & 0 & 0 & 0 & 0 & 1 & 0 & 1 & 0 \\ 0 & 0 & 0 & 0 & 0 & 1 & 0 & 1 & 0 & 1 & 0 & 0 & 0 & 0 & 0 \\ 0 & 1 & 0 & 1 & 0 & 0 & 0 & 0 & 0 & 0 & 0 & 1 & 0 & 1 & 0 & 1 \\ 0 & 0 & 0 & 0 & 0 & 0 & 1 & 0 & 1 & 0 & 0 & 0 & 0 & 0 & 0 \end{bmatrix}.$$

$t = 1$ 的情况很简单。下面考虑 $t \geqslant 2$ 的情况。

1. $t = 2$

当 $t = 2$ 时，状态转移矩阵 $M(x_1, 2)$ 可由定理 3.1 得到，即

$$M(x_1, 2) = \begin{bmatrix} 0 & 0 & 0 & 0 & 0 & 0 & 0 & 0 & 0 \\ 0 & 0 & 1 & 1 & 0 & 0 & 0 & 0 & 1 \\ 0 & 0 & 0 & 0 & 1 & 0 & 0 & 0 & 0 \\ 1 & 0 & 0 & 0 & 0 & 1 & 1 & 0 & 0 \\ 0 & 1 & 0 & 0 & 0 & 0 & 0 & 1 & 0 \end{bmatrix}$$
$$= \delta_5 [4, 5, 2, 2, 3, 4, 4, 5, 2].$$

由此及定理 3.4 可知，状态 $x^0 = \delta_5^1$ 可由长度为 2 的控制序列控制到状态 δ_5^2、δ_5^3、δ_5^4

和 δ_5^5。根据推论 3.1 又知,状态 δ_5^2 和 δ_5^4 可到达 3 次,状态 δ_5^5 可到达 2 次,状态 δ_5^3 可到达 1 次。

假设状态 δ_5^5 是目标状态,根据算法 3.1 的步骤 2 可得 $K = \{2, 8\}$。考虑 $l = 2$,令 $\delta_3^{i_1} \ltimes \delta_3^{i_2} = \delta_9^2$,从而有

$$e_1 \sim \delta_3^{i_1} = S_{1,3}^2 \ltimes \delta_9^2 = \delta_3^1,$$

$$e_2 \sim \delta_3^{i_2} = S_{2,3}^2 \ltimes \delta_9^2 = \delta_3^2.$$

因此,$e_1 = 1$,$e_2 = 2$。对应的控制序列为 $e = 12$,对应从状态 x_1 到状态 x_5 的控制路径为 $x_1 \xrightarrow{1} x_2 \xrightarrow{2} x_5$。

类似地,对于 $l = 8$,令 $\delta_3^{i_1} \ltimes \delta_3^{i_2} = \delta_9^8$,由算法 3.1 的步骤 3 可得

$$e_1 \sim \delta_3^{i_1} = S_{1,3}^2 \ltimes \delta_9^8 = \delta_3^3,$$

$$e_2 \sim \delta_3^{i_2} = S_{2,3}^2 \ltimes \delta_9^8 = \delta_3^2.$$

因此,$e_1 = 3$,$e_2 = 2$。对应的控制序列为 $e = 32$,对应从状态 x_1 到状态 x_5 的控制路径为 $x_1 \xrightarrow{3} x_4 \xrightarrow{2} x_5$。

因为 $x_5 \in X^m$,所以可以得到有限自动机 A 能接受的长度为 2 的语言为

$$L_2 = \{12, 32\}.$$

2. $t = 3$

当 $t = 3$ 时,有限自动机 A 的状态转移矩阵 $M(x_1, 3)$ 为

$$M(x^0, 3) = \delta_5[4, 5, 2, 2, 3, 4, 4, 5, 2, 4, 5, 2, 2,$$
$$3, 4, 4, 5, 2, 4, 5, 2, 2, 3, 4, 4, 5, 2]$$

由此及定理 3.4 可知,初始状态 x_1 可由长度为 3 的控制序列控制到状态 δ_5^2、δ_5^3、δ_5^4 和 δ_5^5。根据推论 3.1 可知,状态 δ_5^2 和 δ_5^4 可到达 9 次,状态 δ_5^5 可到达 6 次,状态 δ_5^3 可到达 3 次。假设设定状态 δ_5^5 是目标状态,根据算法 3.1 的步骤 2 可得 $K = \{2, 8, 11, 17, 20, 26\}$。

考虑 $l = 2$,令 $\delta_3^{i_1} \ltimes \delta_3^{i_2} \ltimes \delta_3^{i_3} = \delta_{27}^2$,由算法 3.1 的步骤 3 可得

$$e_1 \sim \delta_3^{i_1} = S_{1,3}^3 \ltimes \delta_{27}^2 = \delta_3^1,$$

$$e_2 \sim \delta_3^{i_2} = S_{2,3}^3 \ltimes \delta_{27}^2 = \delta_3^1,$$

$$e_3 \sim \delta_3^{i_3} = S_{3,3}^3 \ltimes \delta_{27}^2 = \delta_3^2.$$

因此，$e_1 = 1, e_2 = 1, e_3 = 2$。对应的控制序列为 $e = 112$，对应的从状态 x_1 到状态 x_5 的控制路径为 $x_1 \xrightarrow{1} x_2 \xrightarrow{1} x_4 \xrightarrow{2} x_5$。

类似地，对于 $l = 8$，令 $\delta_3^{i_1} \ltimes \delta_3^{i_2} \ltimes \delta_3^{i_3} = \delta_{27}^8$，可得

$$e_1 \sim \delta_3^{i_1} = S_{1,3}^3 \ltimes \delta_{27}^8 = \delta_3^1,$$

$$e_2 \sim \delta_3^{i_2} = S_{2,3}^3 \ltimes \delta_{27}^8 = \delta_3^3$$

$$e_3 \sim \delta_3^{i_3} = S_{3,3}^3 \ltimes \delta_{27}^8 = \delta_3^2.$$

因此，$e_1 = 1, e_2 = 3, e_3 = 2$。对应的控制序列为 $e = 132$，对应的从状态 x_1 到状态 x_5 的控制路径为 $x_1 \xrightarrow{1} x_2 \xrightarrow{3} x_2 \xrightarrow{2} x_5$。

对 K 中的其他元素，采用上述相同的步骤，可以得到以下控制序列和控制路径。

$l = 11$，控制序列为 $e = 212$，控制路径为 $x_1 \xrightarrow{2} x_3 \xrightarrow{1} x_2 \xrightarrow{2} x_5$；

$l = 17$，控制序列为 $e = 232$，控制路径为 $x_1 \xrightarrow{2} x_3 \xrightarrow{3} x_4 \xrightarrow{2} x_5$；

$l = 20$，控制序列为 $e = 312$，控制路径为 $x_1 \xrightarrow{3} x_4 \xrightarrow{1} x_4 \xrightarrow{2} x_5$；

$l = 26$，控制序列为 $e = 332$，控制路径为 $x_1 \xrightarrow{3} x_4 \xrightarrow{3} x_2 \xrightarrow{2} x_5$。

由此，得到有限自动机 A 能够接受的长度为 3 的语言为

$$L_3 = \{112, 132, 212, 232, 312, 332\}.$$

3. $t = 4$

下面考虑 $t = 4$ 时的情况。在这种情况下，由定义 3.5 可知状态转移矩阵 $M(x_1, 4)$ 为

$$M(x_1, 4) = \delta_7 [\underbrace{4, 5, 2, 2, 3, 4, 4, 5, 2, \cdots, 4, 5, 2, 2, 3, 4, 4, 5, 2}_{81}].$$

同样，设定状态 δ_5^5 为目标状态，利用算法 3.1，可以得到有限自动机 A 能够识别的长度为 3 的下列语言：

$$L_4 = \{1112, 1132, 1212, 1232, 1312, 1332,$$

$$2112, 2132, 2212, 2232, 2312, 2332,$$

$$3112, 3132, 3212, 3232, 3312, 3332\}.$$

注 3.5　利用上述方法, 可以得到由其他任意状态到达目标状态的所有控制序列以及由有限自动机 A 接受的任意长度的语言.

3.4　有限自动机识别正则语言的判别准则

有限自动机 A 从初始状态读入字符串 $e = e_1 e_2 \cdots e_t \in E^*$, 如果最终状态是接受状态集合 X^m 的任意状态, 那么称有限自动机 A 能识别语言 $e = e_1 e_2 \cdots e_t \in E^*$, 或者接受语言 $e = e_1 e_2 \cdots e_t \in E^*$; 如果最终状态不是接受状态集合 X^m 的状态, 那么称有限自动机 A 不能识别语言 $e = e_1 e_2 \cdots e_t \in E^*$, 或者拒绝语言 $e = e_1 e_2 \cdots e_t \in E^*$.

如 3.2 节所示, 对于给定的字符串 $e = e_1 e_2 \cdots e_t \in E^*$, 有限自动机 A 的动态转移为 $f(x, e) = f(f(\cdots f(f(x, e_1), e_2), \cdots), e_t)$, 即有限自动机 A 从初始状态 x 开始, 分别读取字符 $e_1, e_2, \cdots, e_t$, 状态转移依次为

$$x_1 = f(x, e_1),$$

$$x_2 = f(f(x, e_1), e_2),$$

$$\vdots$$

$$x_t = f(f(\cdots f(f(x, e_1), e_2) \cdots), e_t).$$

称 $x \xrightarrow{e_1} x' \xrightarrow{e_2} x'' \xrightarrow{e_3} \cdots$ 为有限自动机关于状态 x 和输入序列 $e = e_1 e_2 \cdots e_t \in E^*$ 的一条 (可达) 路径, 此时也称状态 x_t 是从状态 x 可达的.

注 3.6　(1) 上述关于有限自动机状态可达的叙述与定义 3.4 中关于状态可达的定义本质上是一致的.

(2) 对于确定的有限自动机, 如果状态 x_j 是从状态 x_i 可达的, 那么从状态 x_i 到状态 x_j 只有一条路径. 对于不确定的有限自动机, 如果状态 x_j 是从状态 x_i 可达的, 那么从状态 x_i 到状态 x_j 可能有多条路径. 对于给定的有限自动机 A, 可达性问题就是判断是否存在输入序列 $e \in E^*$ 使得有限自动机 A 从某个状态 x_i 到达另一个状态 x_j 至少一次.

(3) 由定义 3.4 可知,有限自动机 A 的状态可达性与可控性是等价的。换句话说,如果状态 x_j 是从状态 x_i 可达的,那么状态 x_i 是可控到状态 x_j 的,且对应的控制路径即相应的可达路径。因此,定理 3.4 经过适当修改即可应用于判断有限自动机的状态可达性问题。但是,定理 3.4 是针对确定有限自动机而言的,本节将给出适用于不确定有限自动机的可达性定理。

3.4.1 判别准则

定理 3.6 给定有限自动机 $A = (X, E, Y, f, g, x^0, X^m)$,设 $M(x^0, t)$ 是 A 关于初始状态 x^0 和长度为 t 的输入序列的状态转移矩阵。那么,目标状态 $x^* = \delta_n^q$ 是从初始状态 $x^0 = \delta_n^p$ 经过 t 步转移可达的充分必要条件是存在 $\eta \in \mathrm{col}(M(x^0, t))$ 使得

$$\delta_n^q \in \Delta(\eta).$$

证明 (充分性) 由矩阵的半张量积的运算可知,$M(x^0, t)$ 中的元素要么是 1,要么是 0。

假设存在 $\eta = \mathrm{col}(M(x^0, t))$ 且 $\eta \in \mathrm{col}(M(x^0, t))$,那么求解关于 x 为未知变量的方程

$$M(x^0, t) \ltimes x = \eta,$$

可知

$$u(t) = \delta_{m^t}^k$$

是一个解。

由向量的半张量积运算性质可知,可以将 $u(t) = \delta_{m^t}^k$ 看作 t 个向量的半张量积,如设为 $e_1, e_2, \cdots, e_t$。进一步,将这 t 个向量看作 t 个输入字符的向量形式,即 δ_m^j 是字符 e_j 的向量形式,$j = 1, 2, \cdots, t$。那么,就可以将 $u(t)$ 表示为

$$u(t) = u(\delta_{m^t}^k) = \delta_m^1 \ltimes \delta_m^2 \ltimes \cdots \ltimes \delta_m^t.$$

将 $M(x^0, t) \ltimes x = \eta$ 与定理 3.1 进行比较,显然有 $\eta \in X_j$。由定理条件 $\delta_n^q \in \Delta(\eta)$ 可知,$e = e_1 e_2 \cdots e_t$ 是能够让有限自动机 A 从初始状态 $x^0 = \delta_n^p$ 达到目标状态 $x^* = \delta_n^q$ 的一个控制序列。

此外,根据文献 [5] 可知,通过解关于 e_i 为未知变量的方程

$$\ltimes_{i=1}^t e_i = \delta_{m^t}^k,$$

可以得到每个输入字符 e_i。

因为 $\delta_n^q \in \Delta(\eta)$ 且 $\Delta(\eta) = \eta$，所以如果考虑的有限自动机 A 是确定的有限自动机，那么由 $u(t) = \delta_{m^t}^k$ 所确定的从 $x^0 = \delta_n^p$ 到 $x^* = \delta_n^q$ 的路径是唯一的；如果考虑的有限自动机 A 是不确定的有限自动机，那么从 $x^0 = \delta_n^p$ 到 $x^* = \delta_n^q$ 的路径是不唯一的，因为 $\Delta(\eta)$ 可能包含多个元素，每个元素都对应一条路径。

充分性得证。

(必要性) 设长度为 t 的输入序列 $e = e_1 e_2 \cdots e_t \in E^*$ 使有限自动机 A 从初始状态 $x^0 = \delta_n^p$ 经过 t 步转移到目标状态 $x^* = \delta_n^q$，由定理 3.1 可知

$$x^* = \delta_n^q \in \Delta(M(x^0, t) \ltimes u(t)). \tag{3.25}$$

令 $\eta = M(x^0, t) \ltimes u(t)$，即得到必要条件。定理证毕。

类似于从定理 3.4 可得到推论 3.1 和推论 3.2，从定理 3.6 也可得到以下推论。

推论 3.5　设 $M(x^0, t)$ 是有限自动机 $A = (X, E, Y, f, g, x^0, X^m)$ 的关于初始状态 x^0 和长度为 t 的输入序列的状态转移矩阵。那么，有限自动机 A 由初始状态 $x^0 = \delta_n^p$ 到达目标状态 $x^* = \delta_n^q$ 的可达路径的条数为 $n(x_p, x_q, t)$，$n(x_p, x_q, t)$ 等于 $\Omega(M(x^0, t))$ 中元素为 δ_n^q 的个数。

推论 3.6　设 $M(x^0, t)$ 是有限自动机 $A = (X, E, Y, f, g, x^0, X^m)$ 的关于初始状态 x^0 和长度为 t 的输入序列的状态转移矩阵。那么，目标状态 $x^* = \delta_n^q$ 是从初始状态 $x^0 = \delta_n^p$ 经过 t 步可达的充分必要条件是

$$n(x_p, x_q, t) \geqslant 1,$$

进而，初始状态 $x^0 = \delta_n^p$ 的可达集为

$$R(x^0) = \{\delta_n^i \mid n(x^0, x_i, t) \geqslant 1, \; i = 1, 2, \cdots, n\}. \tag{3.26}$$

如果所有状态 $x \in X$ 均是从初始状态可达的，那么称有限自动机 A 是易达的 (accessible)。

推论 3.7　上述推论所述的有限自动机 A 是易达的充分必要条件是 $R(x^0) = X$。

注 3.7　文献 [55] 也研究了有限自动机的可达性问题，并得到可达性的充分必要条件。该条件能够判断任意一个状态与另一个状态是否可达，但无法确定可达

路径及对应的输入序列。本节得到的有限自动机可达性的充分必要条件不仅能够判断任意两个状态之间是否可达，还能够描述有限自动机的内部运动信息，即对于任意两个可达的状态，可以给出这两个状态之间的所有路径信息及相应的输入。事实上，下列算法可求出任意两个可达状态之间的所有路径及相应的输入信息。

算法 3.2 设有限自动机 $A = (X, E, Y, f, g, x^0, X^m)$，$X = \{x_1, x_2, \cdots, x_n\}$，$E = \{e_1, e_2, \cdots, e_m\}$。设 F 是 A 的转移结构矩阵。将状态 x_i 标识为 $\delta_n^i (i = 1, 2, \cdots, n)$，将字符 e_j 标识为 $\delta_m^j (j = 1, 2, \cdots, m)$。以下步骤可求得所有由初始状态 $x^0 = \delta_n^p$ 到目标状态 $x^* = \delta_n^q$ 长度为 t 的可达路径及对应的输入序列。

步骤 1 计算状态转移矩阵 $M(x^0, t) = \tilde{F}^t \ltimes \delta_n^p$。

步骤 2 检查是否存在 $i \in \{1, 2, \cdots, m^t\}$ 使得 $\delta_n^q \in \Delta(\text{col}_i(M(x^0, t)))$。如果不存在，则目标状态 $x^* = \delta_n^q$ 从初始状态 $x^0 = \delta_n^p$ 不可达，算法结束；否则，标记这些列并构造集合

$$K = \{i | \delta_n^q = \text{col}_i(M), M \in M'(x^0, t)\}, \tag{3.27}$$

其中，$M'(x^0, t)$ 是一簇矩阵，定义如下：

如果 $\text{col}_i(M(x^0, t)) \in \Delta_n$ $(i = 1, 2, \cdots, m^t)$，即 $\text{col}_i(M(x^0, t))$ 中的元素只有一个为 1，其他均为 0，那么 $\text{col}_i(M) = \text{col}_i(M(x^0, t))$；如果 $\text{col}_i(M(x^0, t))$ 的元素不止一个为 1，那么 $\Delta(\text{col}_i(M(x^0, t)))$ 中的元素均作为 $\text{col}_i(M)$(如例 3.2)。显然，如果考查的有限自动机是确定的有限自动机，那么有

$$M'(x^0, t) = M(x^0, t).$$

步骤 3 对 K 中的每一元素 $l \in K$，令 $\ltimes_{i=1}^t \delta_m^i = \delta_{m^t}^l$ 和

$$\begin{cases} S_{1,m}^t = I_m \otimes 1_{m^{t-1}}, \\ S_{2,m}^t = [\underbrace{I_m \otimes 1_{m^{t-2}} \cdots I_m \otimes 1_{m^{t-2}}}_{m}], \\ \qquad\vdots \\ S_{m-1,m}^t = [\underbrace{I_m \otimes 1_m \cdots I_m \otimes 1_m}_{m^{t-2}}], \\ S_{t,m}^t = [\underbrace{I_m \cdots I_m}_{m^{t-1}}]. \end{cases}$$

由此可得

$$e_j \sim \delta_m^j = S_{j,m}^t \ltimes \delta_{m^t}^l, \quad j = 1, 2, \cdots, t, \tag{3.28}$$

所得的 $(e_1, e_2, \cdots, e_t)$ 即对应于 l 的一个长度为 t 的输入序列。对应地, 得到可达路径 P_l。

　　步骤 4　*所有长度为 t 的可达路径为*

$$\{P_l | l \in K, P_l \text{ 由步骤 1} \sim \text{步骤 3 所得}\}. \tag{3.29}$$

　　例 3.2　考虑矩阵

$$M(x^0, 2) = \begin{bmatrix} 0 & 0 & 0 & 0 & 0 & 0 & 0 & 0 & 0 \\ 1 & 1 & 1 & 0 & 0 & 0 & 0 & 0 & 0 \\ 0 & 0 & 0 & 1 & 1 & 1 & 0 & 0 & 0 \\ 0 & 0 & 0 & 0 & 0 & 0 & 1 & 1 & 1 \\ 1 & 0 & 0 & 0 & 1 & 0 & 0 & 0 & 1 \end{bmatrix}.$$

　　显然, 矩阵 $M(x^0, 2)$ 中的列 $\mathrm{col}_2(M(x^0, 2))$、$\mathrm{col}_3(M(x^0, 2))$、$\mathrm{col}_4(M(x^0, 2))$、$\mathrm{col}_6(M(x^0, 2))$、$\mathrm{col}_7(M(x^0, 2))$ 和 $\mathrm{col}_8(M(x^0, 2))$ 只有一个元素为 1, 其他元素均为 0, 从而有

$$\mathrm{col}_2(M) = \mathrm{col}_2(M(x^0, 2)) = \delta_5^2,$$

$$\mathrm{col}_3(M) = \mathrm{col}_3(M(x^0, 2)) = \delta_5^2,$$

$$\mathrm{col}_4(M) = \mathrm{col}_4(M(x^0, 2)) = \delta_5^3,$$

$$\mathrm{col}_6(M) = \mathrm{col}_6(M(x^0, 2)) = \delta_5^3,$$

$$\mathrm{col}_7(M) = \mathrm{col}_7(M(x^0, 2)) = \delta_5^4,$$

$$\mathrm{col}_8(M) = \mathrm{col}_8(M(x^0, 2)) = \delta_5^4.$$

其中, 第 1、5、9 列的 $\mathrm{col}_1(M(x^0, 2))$、$\mathrm{col}_5(M(x^0, 2))$ 和 $\mathrm{col}_9(M(x^0, 2))$ 有两个 1 作为它的元素, 故有

$$\Delta(\mathrm{col}_1(M(x^0, 2))) = \{\delta_5^2, \delta_5^5\},$$

$$\Delta(\mathrm{col}_5(M(x^0, 2))) = \{\delta_5^3, \delta_5^5\},$$

$$\Delta(\mathrm{col}_9(M(x^0, 2))) = \{\delta_5^4, \delta_5^5\}.$$

　　由上述定义可知

$$\mathrm{col}_1(M) = \delta_5^2 \text{ 和 } \delta_5^5,$$

$$\text{col}_5(M) = \delta_5^3 \text{ 和 } \delta_5^5,$$

$$\text{col}_9(M) = \delta_5^4 \text{ 和 } \delta_5^5.$$

由此可得 $M'(x^0, 2) = \{M_1, M_2, \cdots, M_8\}$，其中，

$$M_1 = \begin{bmatrix} 0 & 0 & 0 & 0 & 0 & 0 & 0 & 0 & 0 \\ 1 & 1 & 1 & 0 & 0 & 0 & 0 & 0 & 0 \\ 0 & 0 & 0 & 1 & 1 & 1 & 0 & 0 & 0 \\ 0 & 0 & 0 & 0 & 0 & 0 & 1 & 1 & 1 \\ 0 & 0 & 0 & 0 & 0 & 0 & 0 & 0 & 0 \end{bmatrix},$$

$$M_2 = \begin{bmatrix} 0 & 0 & 0 & 0 & 0 & 0 & 0 & 0 & 0 \\ 0 & \overset{*}{1} & 1 & 0 & 0 & 0 & 0 & 0 & 0 \\ 0 & 0 & 0 & 1 & 1 & 1 & 0 & 0 & 0 \\ 0 & 0 & 0 & 0 & 0 & 0 & 1 & 1 & 1 \\ 1 & 0 & 0 & 0 & 0 & 0 & 0 & 0 & 0 \end{bmatrix},$$

$$M_3 = \begin{bmatrix} 0 & 0 & 0 & 0 & 0 & 0 & 0 & 0 & 0 \\ 1 & 1 & 1 & 0 & 0 & 0 & 0 & 0 & 0 \\ 0 & 0 & 0 & 1 & \overset{*}{0} & 1 & 0 & 0 & 0 \\ 0 & 0 & 0 & 0 & 0 & 0 & 1 & 1 & 1 \\ 0 & 0 & 0 & 0 & 1 & 0 & 0 & 0 & 0 \end{bmatrix},$$

$$M_4 = \begin{bmatrix} 0 & 0 & 0 & 0 & 0 & 0 & 0 & 0 & 0 \\ 0 & \overset{*}{1} & 1 & 0 & 0 & 0 & 0 & 0 & 0 \\ 0 & 0 & 0 & 1 & \overset{*}{0} & 1 & 0 & 0 & 0 \\ 0 & 0 & 0 & 0 & 0 & 0 & 1 & 1 & 1 \\ 1 & 0 & 0 & 0 & 1 & 0 & 0 & 0 & 0 \end{bmatrix},$$

$$
M_5 = \begin{bmatrix} 0 & 0 & 0 & 0 & 0 & 0 & 0 & 0 & \overset{*}{0} \\ 1 & 1 & 1 & 0 & 0 & 0 & 0 & 0 & 0 \\ 0 & 0 & 0 & 1 & 1 & 1 & 0 & 0 & 0 \\ 0 & 0 & 0 & 0 & 0 & 0 & 1 & 1 & 0 \\ 0 & 0 & 0 & 0 & 0 & 0 & 0 & 0 & 1 \end{bmatrix},
$$

$$
M_6 = \begin{bmatrix} \overset{*}{0} & 0 & 0 & 0 & 0 & 0 & 0 & 0 & \overset{*}{0} \\ 0 & 1 & 1 & 0 & 0 & 0 & 0 & 0 & 0 \\ 0 & 0 & 0 & 1 & 1 & 1 & 0 & 0 & 0 \\ 0 & 0 & 0 & 0 & 0 & 0 & 1 & 1 & 0 \\ 1 & 0 & 0 & 0 & 0 & 0 & 0 & 0 & 1 \end{bmatrix},
$$

$$
M_7 = \begin{bmatrix} 0 & 0 & 0 & 0 & \overset{*}{0} & 0 & 0 & 0 & \overset{*}{0} \\ 1 & 1 & 1 & 0 & 0 & 0 & 0 & 0 & 0 \\ 0 & 0 & 0 & 1 & 0 & 1 & 0 & 0 & 0 \\ 0 & 0 & 0 & 0 & 0 & 0 & 1 & 1 & 0 \\ 0 & 0 & 0 & 0 & 1 & 0 & 0 & 0 & 1 \end{bmatrix},
$$

$$
M_8 = \begin{bmatrix} \overset{*}{0} & 0 & 0 & 0 & \overset{*}{0} & 0 & 0 & 0 & \overset{*}{0} \\ 0 & 1 & 1 & 0 & 0 & 0 & 0 & 0 & 0 \\ 0 & 0 & 0 & 1 & 0 & 1 & 0 & 0 & 0 \\ 0 & 0 & 0 & 0 & 0 & 0 & 1 & 1 & 0 \\ 1 & 0 & 0 & 0 & 1 & 0 & 0 & 0 & 1 \end{bmatrix}.
$$

如果设目标状态为 $\delta_n^q = \delta_5^5$，那么 $K = \{1, 5, 9\}$ (见上述矩阵标有 $*$ 的列号)。

下面给出有限自动机识别正则语言的判别准则。

定理 3.7 *给定有限自动机* $A = (X, E, Y, f, g, x^0, X^m)$*，设初始状态为* $x^0 = \delta_n^p$*，那么* A *可识别长度为* t *的语言为*

$$
\begin{aligned}
\{e = e_1 e_2 \cdots e_t | e_i (i = 1, 2, \cdots, t) \text{ 由算法 3.2 步骤 1} \sim \text{ 步骤 3 产生,} \\
\text{其中, } x^* = \delta_n^q \in X^m \}.
\end{aligned}
\tag{3.30}
$$

3.4.2 验证实例

本节用两个实例来验证以上所得结论和算法的正确性。第一个实例是文献 [95] 中的确定有限自动机，用于识别集合 $\{a, b, c\}$ 上的语言：$\{\omega | \omega \in \{a, b, c\}^+,\ \omega$ 的首尾两个字符相同$\}$。

例 3.3 考虑如图 3.3 所示的确定有限自动机 $A = (X, E, f, x^0, X^m)$，$X = \{x_1, x_2, x_3, x_4, x_5, x_6, x_7\}$，$E = \{a, b, c\}$，$x^0 = x_1$，$X^m = \{x_5, x_6, x_7\}$。

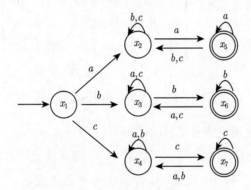

图 3.3 例 3.3 中的确定有限自动机模型

有限自动机 A 的转移结构矩阵为

$$
F = \begin{bmatrix}
0 & 0 & 0 & 0 & 0 & 0 & 0 & 0 & 0 & 0 & 0 \\
1 & 0 & 0 & 0 & 0 & 0 & 0 & 0 & 0 & 1 & 0 \\
0 & 0 & 1 & 0 & 0 & 1 & 0 & 1 & 0 & 0 & 0 \\
0 & 0 & 0 & 1 & 0 & 0 & 1 & 0 & 0 & 0 & 0 \\
0 & 0 & 0 & 0 & 1 & 0 & 0 & 0 & 0 & 0 & 0 \\
0 & 1 & 0 & 0 & 0 & 0 & 0 & 0 & 0 & 0 & 1 \\
0 & 0 & 0 & 0 & 0 & 0 & 0 & 0 & 0 & 0 & 0
\end{bmatrix}
$$

$$\begin{bmatrix} 0 & 0 & 0 & 0 & 0 & 0 & 0 & 0 & 0 & 0 & 0 \\ 0 & 1 & 0 & 0 & 0 & 1 & 0 & 0 & 1 & 0 & 0 \\ 0 & 0 & 0 & 0 & 0 & 0 & 1 & 0 & 0 & 1 & 0 \\ 1 & 0 & 0 & 1 & 1 & 0 & 0 & 0 & 0 & 0 & 0 \\ 0 & 0 & 0 & 0 & 0 & 0 & 0 & 0 & 0 & 0 & 0 \\ 0 & 0 & 1 & 0 & 0 & 0 & 0 & 0 & 0 & 0 & 0 \\ 0 & 0 & 0 & 0 & 0 & 0 & 0 & 1 & 0 & 0 & 1 \end{bmatrix}.$$

当 $t = 2$ 时，根据定义 3.5，有限自动机 A 的状态转移矩阵为

$$M(x^0, 2) = \begin{bmatrix} 0 & 0 & 0 & 0 & 0 & 0 & 0 & 0 & 0 \\ 0 & 1 & 1 & 0 & 0 & 0 & 0 & 0 & 0 \\ 0 & 0 & 0 & 1 & 0 & 1 & 0 & 0 & 0 \\ 0 & 0 & 0 & 0 & 0 & 0 & 1 & 1 & 0 \\ 1 & 0 & 0 & 0 & 0 & 0 & 0 & 0 & 0 \\ 0 & 0 & 0 & 0 & 1 & 0 & 0 & 0 & 0 \\ 0 & 0 & 0 & 0 & 0 & 0 & 0 & 0 & 1 \end{bmatrix}$$
$$= \delta_7 [5, 2, 2, 3, 6, 3, 4, 4, 7].$$

有限自动机 A 是确定的有限自动机，所以对于 $\eta \in \mathrm{col}(M(x^0, 2))$，有 $\Delta(\eta) = \eta$。由定理 3.6 可知，状态 δ_7^2、δ_7^3、δ_7^4、δ_7^5、δ_7^6 和 δ_7^7 是可经过两步转移从初始状态 x^0 到达的。根据推论 3.5 可知，状态 δ_7^2、δ_7^3、δ_7^4 可到达 2 次。

如果设定 δ_7^5 是目标状态，则由算法 3.2 的步骤 3 可知 $K = \{1\}$。取 $l = 1$，令 $\delta_3^{i_1} \ltimes \delta_3^{i_2} = \delta_9^1$，从而可得

$$e_1 \sim \delta_3^{i_1} = S_{1,3}^2 \ltimes \delta_9^1 = \delta_3^1,$$

$$e_2 \sim \delta_3^{i_2} = S_{2,3}^2 \ltimes \delta_9^1 = \delta_3^1,$$

即 $e_1 = a, e_2 = a$，从状态 x_1 到状态 x_5 长度为 2 的可达路径为 $x_1 \xrightarrow{a} x_2 \xrightarrow{a} x_5$。

如果设定 δ_7^6 为目标状态，那么 $K = \{5\}$。

取 $l = 5$，令 $\delta_3^{i_1} \ltimes \delta_3^{i_2} = \delta_9^5$，可得

$$e_1 \sim \delta_3^{i_1} = S_{1,3}^2 \ltimes \delta_9^5 = \delta_3^2,$$

$$e_2 \sim \delta_3^{i_2} = S_{2,3}^2 \ltimes \delta_9^5 = \delta_3^2,$$

即 $e_1 = b, e_2 = b$, 从状态 x_1 到状态 x_6 长度为 2 的可达路径为 $x_1 \xrightarrow{b} x_3 \xrightarrow{b} x_6$。

如果设定 δ_7^7 为目标状态, 那么 $K = \{9\}$。

取 $l = 9$, 令 $\delta_3^{i_1} \ltimes \delta_3^{i_2} = \delta_9^9$, 可得

$$e_1 \sim \delta_3^{i_1} = S_{1,3}^2 \ltimes \delta_9^9 = \delta_3^3,$$

$$e_2 \sim \delta_3^{i_2} = S_{2,3}^2 \ltimes \delta_9^9 = \delta_3^3,$$

即 $e_1 = c, e_2 = c$, 从状态 x_1 到状态 x_7 长度为 2 的可达路径为 $x_1 \xrightarrow{c} x_4 \xrightarrow{c} x_7$。

由于 $x_5, x_6, x_7 \in X^m$, 由定理 3.7 可知, 有限自动机 A 能识别的长度为 2 的语言为

$$L_2 = \{aa, bb, cc\}.$$

下面考虑 $t = 3$ 时的可达性情况。此时, A 的状态转移矩阵 $M(x^0, 3)$ 为

$$M(x^0, 3) = \delta_7[5, 2, 2, 5, 2, 2, 5, 2, 2, 3, 6, 3, 3,$$
$$6, 3, 3, 6, 3, 4, 4, 7, 4, 4, 7, 4, 4, 7].$$

由定理 3.6 可知, 状态 δ_7^2、δ_7^3、δ_7^4、δ_7^5、δ_7^6 和 δ_7^7 是可经过三步转移从初始状态 x^0 到达的。根据推论 3.5 可知, 状态 δ_7^2、δ_7^3、δ_7^4 可到达 6 次, δ_7^5、δ_7^6、δ_7^7 可到达 3 次。

设定 δ_7^5 是目标状态, 由算法 3.2 的步骤 3 可知 $K = \{1, 4, 7\}$。

对于 $l = 1$, 令 $\delta_3^{i_1} \ltimes \delta_3^{i_2} \ltimes \delta_3^{i_3} = \delta_{27}^1$, 可得

$$e_1 \sim \delta_3^{i_1} = S_{1,3}^3 \ltimes \delta_{27}^1 = \delta_3^1,$$

$$e_2 \sim \delta_3^{i_2} = S_{2,3}^3 \ltimes \delta_{27}^1 = \delta_3^1,$$

$$e_3 \sim \delta_3^{i_3} = S_{3,3}^3 \ltimes \delta_{27}^1 = \delta_3^1,$$

即 $e_1 = a, e_2 = a, e_3 = a$, 从状态 x_1 到状态 x_5 长度为 3 的可达路径为 $x_1 \xrightarrow{a} x_2 \xrightarrow{a} x_5 \xrightarrow{a} x_5$。

对于 $l = 4$, 令 $\delta_3^{i_1} \ltimes \delta_3^{i_2} \ltimes \delta_3^{i_3} = \delta_{27}^4$, 可得

$$e_1 \sim \delta_3^{i_1} = S_{1,3}^3 \ltimes \delta_{27}^4 = \delta_3^1,$$

$$e_2 \sim \delta_3^{i_2} = S_{2,3}^3 \ltimes \delta_{27}^4 = \delta_3^2,$$

$$e_3 \sim \delta_3^{i_3} = S_{3,3}^3 \ltimes \delta_{27}^4 = \delta_3^1,$$

即 $e_1 = a, e_2 = b, e_3 = a$，从状态 x_1 到状态 x_5 长度为 3 的第二条可达路径为 $x_1 \xrightarrow{a} x_2 \xrightarrow{b} x_2 \xrightarrow{a} x_5$。

类似地，对于 $l = 7$，令 $\delta_3^{i_1} \ltimes \delta_3^{i_2} \ltimes \delta_3^{i_3} = \delta_{27}^7$，可得

$$e_1 \sim \delta_3^{i_1} = S_{1,3}^3 \ltimes \delta_{27}^7 = \delta_3^1,$$

$$e_2 \sim \delta_3^{i_2} = S_{2,3}^3 \ltimes \delta_{27}^7 = \delta_3^3,$$

$$e_3 \sim \delta_3^{i_3} = S_{3,3}^3 \ltimes \delta_{27}^7 = \delta_3^1,$$

即 $e_1 = a, e_2 = c, e_3 = a$，从状态 x_1 到状态 x_5 长度为 3 的第三条可达路径为 $x_1 \xrightarrow{a} x_2 \xrightarrow{c} x_2 \xrightarrow{a} x_5$。

如果分别设定 δ_7^6 和 δ_7^7 为目标状态，那么采用相同的方法可得到有限自动机 A 能识别的长度为 3 的语言为

$$L_3^1 = \{aaa, aba, aca\},$$

$$L_3^2 = \{bab, bbb, bcb\},$$

$$L_3^3 = \{cac, cbc, ccc\}.$$

当 $t = 4$ 时，状态转移矩阵 $M(x^0, 4)$ 为

$$M(x^0, 4) = \delta_7[\underbrace{5, 2, 2, \cdots, 5, 2, 2,}_{27}$$
$$\underbrace{3, 6, 3, \cdots, 3, 6, 3,}_{27}$$
$$\underbrace{4, 4, 7, \cdots, 4, 4, 7}_{27}].$$

由推论 3.5 可知，状态 x_2、x_3、x_4 可由初始状态分别到达 18 次，状态 x_5、x_6、x_7 可由初始状态 $x^0 = x_1$ 分别到达 9 次。根据定理 3.7，有限自动机 A 可识别长度为 4 的语言为

$$L_4^1 = \{aaaa, aaba, aaca, abaa, abba, abca, acaa, acba, acca\},$$

$$L_4^2 = \{baab, babb, bacb, bbab, bbbb, bbcb, bcab, bcbb, bccb\},$$

$$L_4^3 = \{caac, cabc, cacc, cbac, cbbc, cbcc, ccac, ccbc, cccc\}.$$

利用上述相同的方法，可求出由有限自动机 A 识别的其他任意长度的语言。

例 3.4　考虑如图 3.4 所示的不确定有限自动机 $A = (X, E, f, x^0, X^m)$，$X = \{x_1, x_2, x_3, x_4, x_5\}$，$E = \{a, b, c\}$，$x^0 = x_1$，$X^m = \{x_5\}$。

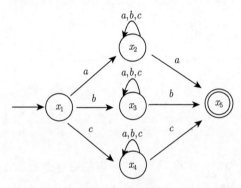

图 3.4　例 3.4 中的不确定有限自动机模型

有限自动机 A 的转移结构矩阵为

$$F = \begin{bmatrix} 0 & 0 & 0 & 0 & 0 & 0 & 0 & 0 & 0 & 0 & 0 & 0 & 0 & 0 & 0 \\ 1 & 1 & 0 & 0 & 0 & 0 & 1 & 0 & 0 & 0 & 0 & 1 & 0 & 0 & 0 \\ 0 & 0 & 1 & 0 & 0 & 1 & 0 & 1 & 0 & 0 & 0 & 0 & 1 & 0 & 0 \\ 0 & 0 & 0 & 1 & 0 & 0 & 0 & 0 & 1 & 0 & 1 & 0 & 0 & 1 & 0 \\ 0 & 1 & 0 & 0 & 0 & 0 & 0 & 1 & 0 & 0 & 0 & 0 & 0 & 1 & 0 \end{bmatrix}$$

当 $t = 2$ 时的状态转移矩阵为

$$M(x^0, 2) = \begin{bmatrix} 0 & 0 & 0 & 0 & 0 & 0 & 0 & 0 & 0 \\ 1 & 1 & 1 & 0 & 0 & 0 & 0 & 0 & 0 \\ 0 & 0 & 0 & 1 & 1 & 1 & 0 & 0 & 0 \\ 0 & 0 & 0 & 0 & 0 & 0 & 1 & 1 & 1 \\ 1 & 0 & 0 & 0 & 1 & 0 & 0 & 0 & 1 \end{bmatrix}.$$

由于 $\Delta(M(x^0, 2)) = \{\delta_5^2, \delta_5^5, \delta_5^2, \delta_5^2, \delta_5^3, \delta_5^3, \delta_5^5, \delta_5^3, \delta_5^4, \delta_5^4, \delta_5^4, \delta_5^5\}$，根据推论 3.5 可知，状态 δ_5^2、δ_5^3、δ_5^4、δ_5^5 可由初始状态 $x^0 = x_1$ 经过两步转移到达 3 次。

设定 δ_5^5 为目标状态, 由算法 3.2 的步骤 3 可知 $K = \{1, 5, 9\}$ (见例 3.2)。

对于 $l = 1$, 令 $\delta_3^{i_1} \ltimes \delta_3^{i_2} = \delta_9^1$, 可得

$$e_1 \sim \delta_3^{i_1} = S_{1,3}^2 \ltimes \delta_9^1 = \delta_3^1,$$

$$e_2 \sim \delta_3^{i_2} = S_{2,3}^2 \ltimes \delta_9^1 = \delta_3^1,$$

即 $e_1 = a, e_2 = a$, 从状态 x_1 到状态 x_5 长度为 2 的可达路径为 $x_1 \xrightarrow{a} x_2 \xrightarrow{a} x_5$。

对于 $l = 5$, 令 $\delta_3^{i_1} \ltimes \delta_3^{i_2} = \delta_9^5$, 可得

$$e_1 \sim \delta_3^{i_1} = S_{1,3}^2 \ltimes \delta_9^5 = \delta_3^2,$$

$$e_2 \sim \delta_3^{i_2} = S_{2,3}^2 \ltimes \delta_9^5 = \delta_3^2,$$

即 $e_1 = b, e_2 = b$, 对应的从状态 x_1 到状态 x_5 长度为 2 的第二条可达路径为 $x_1 \xrightarrow{b} x_3 \xrightarrow{b} x_5$。

对于 $l = 9$, 令 $\delta_3^{i_1} \ltimes \delta_3^{i_2} = \delta_9^9$, 可得到对应的可达路径为 $x_1 \xrightarrow{c} x_4 \xrightarrow{c} x_5$。根据定理 3.7 可知, 有限自动机 A 可识别的长度为 2 的语言为

$$L_2 = \{aa, bb, cc\}.$$

当 $t = 3$ 时, 状态转移矩阵为

$$M(x^0, 3) = \begin{bmatrix} 0 & 0 & 0 & 0 & 0 & 0 & 0 & 0 & 0 & 0 & 0 & 0 & 0 \\ 1 & 1 & 1 & 1 & 1 & 1 & 1 & 1 & 1 & 0 & 0 & 0 & 0 \\ 0 & 0 & 0 & 0 & 0 & 0 & 0 & 0 & 0 & 1 & 1 & 1 & 1 \\ 0 & 0 & 0 & 0 & 0 & 0 & 0 & 0 & 0 & 0 & 0 & 0 & 0 \\ 1 & 0 & 0 & 1 & 0 & 0 & 1 & 0 & 0 & 0 & 1 & 0 & 0 \end{bmatrix}$$

$$\begin{bmatrix} 0 & 0 & 0 & 0 & 0 & 0 & 0 & 0 & 0 & 0 & 0 & 0 & 0 & 0 \\ 0 & 0 & 0 & 0 & 0 & 0 & 0 & 0 & 0 & 0 & 0 & 0 & 0 & 0 \\ 1 & 1 & 1 & 1 & 1 & 0 & 0 & 0 & 0 & 0 & 0 & 0 & 0 & 0 \\ 0 & 0 & 0 & 0 & 0 & 1 & 1 & 1 & 1 & 1 & 1 & 1 & 1 & 1 \\ 1 & 0 & 0 & 1 & 0 & 0 & 0 & 0 & 1 & 0 & 1 & 0 & 0 & 0 & 1 \end{bmatrix}.$$

由此得到

$$\Delta(M(x^0, 3)) = \{\underbrace{\delta_5^2, \delta_5^5, \delta_5^2, \delta_5^2 \cdots \delta_5^2, \delta_5^5, \delta_5^2, \delta_5^2,}_{12}$$

$$\underbrace{\delta_5^3, \delta_5^3, \delta_5^5, \delta_5^3 \cdots \delta_5^3, \delta_5^3, \delta_5^5, \delta_5^3,}_{12}$$

$$\underbrace{\delta_5^4, \delta_5^4, \delta_5^4, \delta_5^5 \cdots \delta_5^4, \delta_5^4, \delta_5^4, \delta_5^5}_{12}\}.$$

由定理 3.6 和推论 3.5 可知，状态 δ_5^2、δ_5^3、δ_5^4、δ_5^5 可由初始状态分别到达 9 次。设定 δ_5^5 为目标状态，那么 $K = \{2, 6, 10, 15, 19, 23, 28, 32, 36\}$。对于 K 中的每个元素，利用定理 3.7，可得到有限自动机 A 可识别的长度为 3 的语言有

$$L_3^1 = \{aaa, aba, aca\},$$

$$L_3^2 = \{bab, bbb, bcb\},$$

$$L_3^3 = \{cac, cbc, ccc\}.$$

由以上分析可知，例 3.4 所得的结果与例 3.3 所得的结果一致，这表明了本节给出的关于有限自动机判别正则语言的正确性。

3.5 本 章 小 结

本章利用逻辑动态系统代数状态空间法介绍了有限自动机的相关问题。对有限自动机的双线性动态行为进行建模，基于得到的双线性动态模型，分析有限自动机的可控性及可稳性问题，分别得到其可控和可稳的充分必要条件。此外，介绍了有限自动机的可达性问题，得到统一适用于确定有限自动机和不确定有限自动机的可达性的充分必要条件，基于此条件，得到有限自动机识别正则语言的准则。

本章建立了关于有限自动机的动态模型、可控性、稳定化和语言识别能力等新的数学描述。与之前已有的方法相比，这种新的数学描述具有以下优点：只需要计算一些矩阵的半张量积，得到一种"判断矩阵"，根据此"判断矩阵"，有限自动机的可控性、稳定化和语言识别能力的相关问题的可解性一目了然。该方法强调的是对有限自动机的动态行为及可控性与可稳性进行数学描述，不在于计算复杂度的改善。

第 4 章 合成有限自动机的建模与控制

4.1 引　　言

有限自动机理论为许多工程应用提供了基础理论。Gécseg 指出，对于有限自动机理论来说，研究自动机的合成有着重要意义 [105]。其一，在实际应用中，真实的有限自动机往往包含多种不同类型的有限自动机作为其部件；其二，合成有限自动机的许多性质可由这些部件自动机的性质推导而来。除了标准的合成方式 (串联合成、并联合成和反馈合成) 之外，也有学者提出不同的合成方式 [106,107]。在实际问题的建模中，标准的三种合成方式最重要，也最常用 [108,109]。

目前，有限自动机的合成理论也得到许多学者的重视。Gécseg 从数学角度研究了大多数形式的合成有限自动机 [105]，其中，部件自动机限于米勒型有限自动机 (finite Mealy-type automata)，或者没有输出的有限自动机。对于两个合成有限自动机，他给出了在什么条件下其中一个是另一个的实现。Sokolova 和 Vink 研究了由两类有限自动机构成的合成有限自动机中两者之间的关系问题 [110]，并讨论了概率型有限自动机在交互 (reactive)、生成 (generative) 与迭代 (alternating) 环境下的并联合成方式。此外，还有学者研究了其他类型的合成方式，如分层合成 (layered composition)[106]、完全同步合成 (completely synchronous composition)[107] 等。

有限自动机的可控性问题包括状态可控与输出可控，即设计出合适的输入序列，使有限自动机在给定的时间转移到期望的状态，或者在给定的时间产生期望的输出。许多学者采用不同的方法研究了有限自动机的可控性问题。Dogruel 和 Ozguner 最早定义了有限自动机的可控性、可达性和稳定化问题，并采用控制理论中的方法与思路提出了可控性的充分必要条件 [100]。Nerode 和 Kohn 也采用不同的方法提出了一些有趣的结论 [111]。然而，目前很少有文献报道合成有限自动机的可控性问题。

与一般的有限自动机相比，合成有限自动机允许多个部件自动机同时相互进行信息传递，因而其结构更加复杂，动态行为也呈现出不同的特点。基于此，本章在第 3 章的基础上，利用逻辑动态系统代数状态空间法，分别介绍有限自动机在三种合成方式下的建模问题，即串联合成有限自动机、并联合成有限自动机和反馈合成有限自动机。另外，建立三种合成有限自动机的代数模型，研究它们的可控性问题，最终得到这些有限自动机可控的充分必要条件。根据该条件，很容易判断合成有限自动机的任意状态与任意输出是否可控，并设计对应控制序列的算法。

4.2 合成有限自动机的动态行为建模

如定义 3.1 所述，有限自动机的一般模型为七元组 $A = (X, E, Y, f, g, x^0, X^m)$。在实际应用中，根据实际问题的需要，也可以将有限自动机定义为五元组、六元组等。例如，如果不关心有限自动机的输出，那么字母表 X 上的有限自动机可以定义为六元组 $A = (X, E, f, g, x^0, X^m)$；当考虑有限自动机的输出，但不考虑其识别语言的功能时，字母表 X 上的有限序列机可定义为六元组 $A = (X, E, Y, f, g, x^0)$；如果不考虑有限自动机的内部状态信息，只关心它的输入输出动态，那么可以将有限自动机定义为五元组 $A = (X, E, Y, f, g)$。

对于有限自动机的合成问题，本章所考虑的有限自动机是五元组模型 $A = (X, E, Y, f, g)$，且采用目前文献上的习惯记法，记作 $A = (K, \Sigma, W, \delta, \lambda)$，其中，$K$ 是有限状态的集合；Σ 是字母表，即所有输入字符的集合；W 是输出集合，即所有输出字符的集合；δ 是 $K \times \Sigma \rightarrow 2^K$ 上的状态转移函数，2^K 表示集合 K 的幂集；λ 是 $K \times \Sigma \rightarrow W$ 上的输出函数。用 Σ^* 表示字母表 Σ 上所有有限字符串构成的集合，不包括空转移。对于给定的字符串 $e = e_1 e_2 \cdots e_t \in \Sigma^*$，定义 $\delta(q, e) = \delta(\delta(\cdots \delta(\delta(q, e_1), e_2), \cdots), e_t)$。如果对于任意的状态 $q \in K$ 和任意的字符 $e \in \Sigma$ 有 $|\delta(q, e)| \leqslant 1$，即自动机在读入一个字符后转移到一个状态或者保持不变，那么称该有限自动机为确定的有限自动机，否则称为不确定的有限自动机。由于确定的有限自动机和不确定的有限自动机是等价的，为问题叙述方便，本章考虑的有限自动机是确定的有限自动机。

考虑有限自动机 $A = (K, \Sigma, W, \delta, \lambda)$，$K = \{q_1, q_2, \cdots, q_n\}$，$\Sigma = \{e_1, e_2, \cdots, e_m\}$，$W = \{w_1, w_2, \cdots, w_l\}$。为了将矩阵的半张量积引入合成有限自动机的有关问题研究中，与第 3 章的标识方法相似，用 δ_n^i 标识状态 $q_i (i = 1, 2, \cdots, n)$，并称 δ_n^i 为状态 q_i 的向量形式。因此，状态集合 K 可以表示为 Δ_n，即 $K = \{\delta_n^1, \delta_n^2, \cdots, \delta_n^n\}$。

类似地, 将字母表 Σ 中的字符 e_j 标识为 $\delta_m^j(j=1,2,\cdots,m)$, 并称 δ_m^j 为字符 e_j 的向量形式。同样, 字母表 Σ 可以表示为 Δ_m, 即 $\Sigma=\{\delta_m^1,\delta_m^2,\cdots,\delta_m^m\}$。将输出集合 W 中的字符 w_k 标识为 $\delta_l^k(k=1,2,\cdots,l)$, 并称 δ_l^k 为输出字符 w_k 的向量形式。从而, 输出集合 W 可以表示为 Δ_l, 即 $W=\{\delta_l^1,\delta_l^2,\cdots,\delta_l^l\}$。因此, 有限自动机的状态转移 $q_i\in\delta(q_j,e_h)$ 可以表示为 $\delta_n^i\in\delta(\delta_n^j,\delta_m^h)$, 输出 $w_i\in\lambda(x_j,e_h)$ 可以表示为 $\delta_l^i\in\lambda(\delta_n^j,\delta_m^h)$。在本章中, 这两种标识方法可以互相交换使用。

4.2.1　有限自动机的合成方式

有限自动机的合成有三种标准的合成方式: 并联合成、串联合成和反馈合成。图 4.1 所示为并联合成有限自动机模型, 其中, $A_1=(K_1,\Sigma,W_1,\delta_1,\lambda_1)$, $A_2=(K_2,\Sigma,W_2,\delta_2,\lambda_2)$。对于 A_1 和 A_2, 两者的输入相同, 都是字母表 Σ 上的字符; 它们的输出 W_1 和 W_2 经由变换函数 (也称转换器)$\varphi:W_1\times W_2\to W$ 变换后作为整个合成有限自动机的输出。

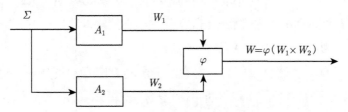

图 4.1　并联合成有限自动机模型

由两个分量自动机 A_1 和 A_2 并联合成的有限自动机是 $A=(K,\Sigma,W,\delta,\lambda)$, 其中, $K=K_1\times K_2=\{q_i=(q_{i1},q_{i2})|q_{i1}\in K_1,q_{i2}\in K_2\}$, $W=\varphi(W_1\times W_2)$, φ 是给定的映射, $\delta:K\times\Sigma\to K$ 定义为

$$\delta(q_i,e_j)=(\delta_1(q_{i1},e_j),\delta_2(q_{i2},e_j)),\quad e_j\in\Sigma, \tag{4.1}$$

$\lambda:K\times\Sigma\to W$ 定义如下:

$$\lambda(q_i,e_j)=\varphi(\lambda_1(q_{i1},e_j),\lambda_2(q_{i2},e_j)),\quad e_j\in\Sigma. \tag{4.2}$$

图 4.2 描述了有限自动机的串联合成方式, 其中, 两个分量自动机分别是 $A_1=(K_1,\Sigma,W_1,\delta_1,\lambda_1)$ 和 $A_2=(K_2,W_1,W,\delta_2,\lambda_2)$。$A_1$ 的输出作为 A_2 的输入。

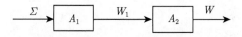

图 4.2 串联合成有限自动机模型

两个分量自动机 A_1 和 A_2 串联合成的有限自动机是 $A = (K, \Sigma, W, \delta, \lambda)$，其中，

$$K = K_1 \times K_2 = \{q_i = (q_{i1}, q_{i2}) | q_{i1} \in K_1, q_{i2} \in K_2\},$$

$\delta : K \times \Sigma \to K$ 定义为

$$\delta(q_i, e_j) = (\delta_1(q_{i1}, e_j), \delta_2(q_{i2}, \lambda_1(q_{i1}, e_j))), \quad e_j \in \Sigma, \tag{4.3}$$

$\lambda : K \times \Sigma \to W$ 定义为

$$\lambda(q_i, e_j) = \lambda_2(q_{i2}, \lambda_1(q_{i1}, e_j)), \quad e_j \in \Sigma. \tag{4.4}$$

反馈合成有限自动机模型如图 4.3 所示。其中，两个分量自动机分别为 $A_1 = (K_1, \Sigma_1, W, \delta_1, \lambda_1)$ 和 $A_2 = (K_2, W, W_2, \delta_2, \lambda_2)$。自动机 A_1 的输出作为整个合成有限自动机的输出，同时作为自动机 A_2 的输入。自动机 A_2 的输出和合成有限自动机的输入经由转换器 $\gamma : \Sigma \times W_2 \to \Sigma_1$ 变换后作为自动机 A_1 的输入。

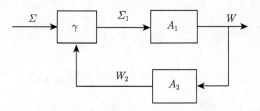

图 4.3 反馈合成有限自动机模型

根据文献 [112]，在反馈合成的方式中，至少有一个自动机是摩尔自动机 (Moore automaton)，否则合成后的自动机可能不稳定。摩尔自动机是这样一种有限自动机，其输出只依赖于其状态的变换，与当前读入的字符无关，即输出函数为 $\lambda : K \to W$。因此，本章假设分量自动机 A_2 为摩尔自动机，即 $W_2 = \lambda(K_2)$。

由两个分量自动机 A_1 和 A_2 反馈合成的有限自动机是 $A = (K, \Sigma, W, \delta, \lambda)$，其中，

$$K = K_1 \times K_2 = \{q_i = (q_{i1}, q_{i2}) | q_{i1} \in K_1, q_{i2} \in K_2\},$$

$\delta : K \times \Sigma \to K$ 定义为

$$\delta(q_i, e_j) = (\delta_1\left(q_{i1}, \gamma\left(e_j, \lambda_2(q_{i2})\right)\right),$$

$$\delta_2\left(q_{i2}, \lambda_1\left(q_{i1}, \gamma\left(e_j, \lambda_2(q_{i2})\right)\right)\right)), \tag{4.5}$$

$\lambda : K \times \Sigma \to W$ 定义为

$$\lambda(q_i, e_j) = \lambda_1\left(q_{i1}, \gamma\left(e_j, \lambda_2(q_{i2})\right)\right), \quad e_j \in \Sigma. \tag{4.6}$$

将上述三种合成方式中涉及的状态集合、输入集合和输出集合分别表示为

$$K_1 = \{q_{1,1}, q_{1,2}, \cdots, q_{1,n1}\},$$
$$K_2 = \{q_{2,1}, q_{2,2}, \cdots, q_{2,n2}\},$$
$$W_1 = \{w_{1,1}, w_{1,2}, \cdots, w_{1,l1}\},$$
$$W_2 = \{w_{2,1}, w_{2,2}, \cdots, w_{2,l2}\},$$
$$\Sigma_1 = \{e_{1,1}, e_{1,2}, \cdots, e_{1,m1}\},$$
$$\Sigma = \{e_1, e_2, \cdots, e_m\},$$
$$W = \{w_1, w_2, \cdots, w_l\}.$$

4.2.2　合成有限自动机的代数模型

回忆定理 3.2, 对于自动机 $A = (K, \Sigma, W, \delta, \lambda)$, 其中, $K = \{q_1, q_2, \cdots, q_n\}$, $\Sigma = \{e_1, e_2, \cdots, e_m\}$。设 $N = [N_1 \quad N_2 \quad \cdots \quad N_m]$ 是 A 的输出结构矩阵, 则其输出函数可表示为

$$\lambda(q_i, e_j) = H \ltimes \delta_n^i \ltimes \delta_m^j, \tag{4.7}$$

其中, $H = N \ltimes W_{[n,m]}$ 称为自动机 A 的输出矩阵。

此外, 对于并联合成方式和反馈合成方式中的映射 $\varphi : W_1 \times W_2 \to W$ 和 $\gamma : \Sigma \times W_2 \to \Sigma_1$, 类似于定义 3.2 和定义 3.3, 定义它们的转换结构矩阵分别为 $Q = [Q_1 \quad Q_2 \quad \cdots \quad Q_{l1}]$ 和 $R = [R_1 \quad R_2 \quad \cdots \quad R_m]$, 其中,

$$Q_{i(s,t)} = \begin{cases} 1, & \delta_l^s \in \varphi(\delta_{n1}^t, \delta_{n2}^i), \\ 0, & \delta_l^s \notin \varphi(\delta_{n1}^t, \delta_{n2}^i), \end{cases}$$

以及

$$R_{i(s,t)} = \begin{cases} 1, & \delta_{m1}^s \in \gamma(\delta_m^t, \delta_{l2}^i), \\ 0, & \delta_{m1}^s \notin \gamma(\delta_m^t, \delta_{l2}^i). \end{cases}$$

自然地，与定理 3.1 的证明相似，可以得到以下结论。

引理 4.1　设 $Q = [Q_1 \quad Q_2 \quad \cdots \quad Q_{l1}]$ 和 $R = [R_1 \quad R_2 \quad \cdots \quad R_m]$ 分别是转换器 φ 和 γ 的转换结构矩阵，那么转换器 φ 和 γ 的动态性分别为

$$\varphi(w_i^1, w_j^2) = L_\varphi \ltimes \delta_{l1}^i \ltimes \delta_{l2}^j, \tag{4.8}$$

$$\gamma(e_i, w_j^2) = L_\gamma \ltimes \delta_m^i \ltimes \delta_{l2}^j, \tag{4.9}$$

其中，$L_\varphi = Q \ltimes W_{[l1,l2]}$；$L_\gamma = R \ltimes W_{[m,l2]}$；两者分别称为转换器 φ 和 γ 的结构矩阵。

如前所述，上述三种自动机合成方式中所涉及的状态、输入字符和输出字符均可由其向量形式表示为

$$q_{1,i} \sim \delta_{n1}^i, \quad q_{2,i} \sim \delta_{n2}^i, \quad w_{1,i} \sim \delta_{l1}^i, \quad w_{2,i} \sim \delta_{n2}^i,$$
$$w_i \sim \delta_l^i, \quad e_{1,i} \sim \delta_{m1}^i, \quad e_i \sim \delta_m^i,$$

其中，$q_{1,i} \in K_1$；$q_{2,i} \in K_2$；$w_{1,i} \in W_1$；$w_{2,i} \in W_2$；$w_i \in W$；$e_{1,i} \in \Sigma_1$；$e_i \in \Sigma$。

进一步，将状态 $q_i = (q_{i1}, q_{i2}) \in K = K_1 \times K_2$ 标识为 $\delta_{n1}^i \ltimes \delta_{n2}^i$，记作 $q_i \sim \delta_{n1}^i \ltimes \delta_{n2}^i$，其中，$\delta_{n1}^i$ 和 δ_{n2}^i 分别为状态 $q_{i1} \in K_1$ 和 $q_{i2} \in K_2$ 的向量形式。因此，K_1 可以表示为 Δ_{n1}，K_2 可以表示为 Δ_{n2}，W_1 可以表示为 Δ_{l1}，W_2 可以表示为 Δ_{l2}，W 可以表示为 Δ_l，Σ_1 可以表示为 Δ_{m1}，Σ 可以表示为 Δ_m，$K = K_1 \times K_2$ 可以表示为 $\Delta_{n1 \cdot n2}$。上述这些表示方法的向量形式为

$$K_1 \sim \Delta_{n1}, \quad K_2 \sim \Delta_{n2}, \quad W_1 \sim \Delta_{l1},$$
$$W_2 \sim \Delta_{l2}, \quad W \sim \Delta_l, \quad \Sigma_1 \sim \Delta_{1m},$$
$$\Sigma \sim \Delta_m, \quad K = K_1 \times K_2 \sim \Delta_{n1 \cdot n2}.$$

根据引理 4.1、定理 3.1 和定理 3.2，式 (4.1)～ 式 (4.6) 所示的函数 δ_1、δ_2、λ_1、λ_2、φ 和 γ 可表示为

$$\delta_1(q_{1,i}, e_j) = G_1 \ltimes \delta_{n1}^i \ltimes \delta_m^j, \quad \delta_2(q_{2,i}, e_j) = G_2 \ltimes \delta_{n2}^i \ltimes \delta_m^j,$$
$$\lambda_1(q_{1,i}, e_j) = H_1 \ltimes \delta_{n1}^i \ltimes \delta_m^j, \quad \lambda_2(q_{2,i}, e_j) = H_2 \ltimes \delta_{n2}^i \ltimes \delta_m^j,$$
$$\varphi(w_{1,i}, w_{2,j}) = L_\varphi \ltimes \delta_{l1}^i \ltimes \delta_{l2}^j, \quad \gamma(e_i, w_{2,j}) = L_\gamma \ltimes \delta_m^i \ltimes \delta_{l2}^j.$$

　　为了表达简洁, 上述函数中的状态、输入字符、输出字符仍用对应的符号表示。因此, 上述函数又可表示为

$$\delta_1(q_{1,i}, e_j) = G_1 \ltimes q_{1,i} \ltimes e_j, \quad \delta_2(q_{2,i}, e_j) = G_2 \ltimes q_{2,i} \ltimes e_j,$$

$$\lambda_1(q_{1,i}, e_j) = H_1 \ltimes q_{1,i} \ltimes e_j, \quad \lambda_2(q_{2,i}, e_j) = H_2 \ltimes q_{2,i} \ltimes e_j,$$

$$\varphi(w_{1,i}, w_{2,j}) = L_\varphi \ltimes w_{1,i} \ltimes w_{2,j}, \quad \gamma(e_i, w_{2,j}) = L_\gamma \ltimes e_i \ltimes w_{2,j}.$$

　　有了上述准备工作, 下面利用逻辑动态系统代数状态空间法来介绍自动机的合成问题, 先考察并联合成方式。

　　定理 4.1　由分量自动机 A_1 和 A_2 以并联方式合成的自动机 $A = (K, \Sigma, W, \delta, \lambda)$ 可表示如下:

　　(1) $K = \Delta_{n1 \times n2}, \Sigma = \Delta_m, W = \Delta_l$。

　　(2) $\delta : K \times \Sigma \to K$ 由式 (4.10) 给出, 即

$$\delta(q_i, e_j) = G \ltimes q_i \ltimes (e_j)^2, \tag{4.10}$$

其中, $G = G_1 \ltimes W_{[n2, n1 \cdot m]} \ltimes G_2 \ltimes W_{[n1, n2 \cdot m]}$, G 称为合成有限自动机 A 的状态转移矩阵。

　　(3) $\lambda : K \times \Sigma \to W$ 由式 (4.11) 给出, 即

$$\lambda(q_i, e_j) = H \ltimes q_i \ltimes (e_j)^2, \tag{4.11}$$

其中, $H = L_\varphi \ltimes H_1 \ltimes W_{[l2, n1 \cdot m]} \ltimes H_2 \ltimes W_{[n1, n2 \cdot m]}$, H 称为合成有限自动机 A 的输出结构矩阵。

　　证明　第 1 项中的 $K = \Delta_{n1 \times n2}$、$\Sigma = \Delta_m$ 和 $W = \Delta_l$ 来自 K、Σ 和 W 的向量形式。下面证明 $\delta(q_i, e_j) = G \ltimes q_i \ltimes (e_j)^2$。

　　由式 (4.1) 可知

$$\begin{aligned}
\delta(q_i, e_j) &= (\delta_1(q_{i1}, e_j), \delta_2(q_{i2}, e_j)) \\
&= (G_1 \ltimes q_{i1} \ltimes e_j, G_2 \ltimes q_{i2} \ltimes e_j).
\end{aligned} \tag{4.12}$$

　　利用 $q \in K_1 \times K_2$ 的向量形式, 式 (4.12) 可进一步表示为

$$\delta(q_i, e_j)$$
$$= (\delta_1(q_{i1}, e_j), \delta_2(q_{i2}, e_j))$$
$$= (G_1 \ltimes q_{i1} \ltimes e_j, G_2 \ltimes q_{i2} \ltimes e_j)$$
$$= G_1 \ltimes q_{i1} \ltimes e_j \ltimes G_2 \ltimes q_{i2} \ltimes e_j$$
$$= G_1 \ltimes W_{[n2, n1 \cdot m]} \ltimes G_2 \ltimes q_{i2} \ltimes e_j \ltimes q_{i1} \ltimes e_j$$
$$= G_1 \ltimes W_{[n2, n1 \cdot m]} \ltimes G_2 \ltimes W_{[n1, n2 \cdot m]} \ltimes q_{i1} \ltimes q_{i2} \ltimes e_j \ltimes e_j$$
$$= G_1 \ltimes W_{[n2, n1 \cdot m]} \ltimes G_2 \ltimes W_{[n1, n2 \cdot m]} \ltimes q_i \ltimes (e_j)^2$$
$$= G \ltimes q_i \ltimes (e_j)^2.$$

同样, 由式 (4.2) 可得到定理 4.1 的第 3 项, 即

$$\lambda(q_i, e_j)$$
$$= \varphi\left(\lambda_1(q_{i1}, e_j), \lambda_2(q_{i2}, e_j)\right)$$
$$= L_\varphi \ltimes \lambda_1(q_{i1}, e_j) \ltimes \lambda_2(q_{i2}, e_j)$$
$$= L_\varphi \ltimes H_1 \ltimes q_{i1} \ltimes e_j \ltimes H_2 \ltimes q_{i2} \ltimes e_j$$
$$= L_\varphi \ltimes H_1 \ltimes W_{[l2, n1 \cdot m]} \ltimes H_2 \ltimes q_{i2} \ltimes e_j \ltimes q_{i1} \ltimes e_j$$
$$= L_\varphi \ltimes H_1 \ltimes W_{[l2, n1 \cdot m]} \ltimes H_2 \ltimes W_{[n1, n2 \cdot m]} \ltimes q_{i1} \ltimes q_{i2} \ltimes e_j \ltimes e_j$$
$$= L_\varphi \ltimes H_1 \ltimes W_{[l2, n1 \cdot m]} \ltimes H_2 \ltimes W_{[n1, n2 \cdot m]} \ltimes q_i \ltimes (e_j)^2$$
$$= H \ltimes q_i \ltimes (e_j)^2.$$

定理得证。

定理 4.2 由分量自动机 A_1 和 A_2 以串联方式合成的自动机 $A = (K, \Sigma, W, \delta, \lambda)$ 可表示如下:

(1) $K = \Delta_{n1 \times n2}, \Sigma = \Delta_m, W = \Delta_l$。

(2) $\delta : K \times \Sigma \to K$ 由式 (4.13) 给出, 即

$$\delta(q_i, e_j) = G \ltimes (q_i)^2 \ltimes (e_j)^2, \tag{4.13}$$

其中,

$$G = D \ltimes W_{[n1, n2]} \ltimes W_{[n1, n1 \cdot n2 \cdot m]} \ltimes E_{\text{d\_former}}(n1, n2) \ltimes W_{[n2, n1]},$$

$$D = G_1 \ltimes W_{[n2, n1 \cdot m]} \ltimes G_2 \ltimes W_{[l1, n2]} \ltimes H_1 \ltimes W_{[n2, n1 \cdot m]},$$

G 称为合成有限自动机 A 的状态转移矩阵。

(3) $\lambda : K \times \Sigma \to W$ 由式 (4.14) 给出，即

$$\lambda(q_i, e_j) = H \ltimes q_i \ltimes e_j, \tag{4.14}$$

其中，

$$H = H_2 \ltimes W_{[l1,n2]} \ltimes H_1 \ltimes W_{[m,n1]} \ltimes W_{[n1 \cdot n2, m]},$$

H 称为合成有限自动机 A 的输出结构矩阵。

证明　先证明第 2 项。根据式 (4.5) 可得

$$\delta(q_i, e_j)$$
$$= (\delta_1(q_{i1}, e_j), \delta_2(q_{i2}, \lambda_1(q_{i1}, e_j)))$$
$$= (G_1 \ltimes q_{i1} \ltimes e_j, G_2 \ltimes q_{i2} \ltimes \lambda_1(q_{i1}, e_j))$$
$$= (G_1 \ltimes q_{i1} \ltimes e_j, G_2 \ltimes q_{i2} \ltimes H_1 \ltimes q_{i1} \ltimes e_j)$$
$$= G_1 \ltimes q_{i1} \ltimes e_j \ltimes G_2 \ltimes q_{i2} \ltimes H_1 \ltimes q_{i1} \ltimes e_j$$
$$= G_1 \ltimes W_{[n2, n1 \cdot m]} \ltimes G_2 \ltimes q_{i2} \ltimes H_1 \ltimes q_{i1} \ltimes e_j \ltimes q_{i1} \ltimes e_j$$
$$= D \ltimes q_{i2} \ltimes q_{i1} \ltimes e_j \ltimes q_{i1} \ltimes e_j$$
$$= D \ltimes W_{[n1,n2]} \ltimes q_{i1} \ltimes q_{i2} \ltimes e_j \ltimes q_{i1} \ltimes e_j$$
$$= D \ltimes W_{[n1,n2]} \ltimes q_i \ltimes e_j \ltimes q_{i1} \ltimes e_j$$
$$= D \ltimes W_{[n1,n2]} \ltimes W_{[n1, n1 \cdot n2 \cdot m]} \ltimes q_{i1} \ltimes q_i \ltimes (e_j)^2$$
$$= D \ltimes W_{[n1,n2]} \ltimes W_{[n1, n1 \cdot n2 \cdot m]} \ltimes E_{\text{d\_former}}(n1, n2) \ltimes W_{[n2,n1]} \ltimes q_{i1} \ltimes q_{i2} \ltimes q_i \ltimes (e_j)^2$$
$$= D \ltimes W_{[n1,n2]} \ltimes W_{[n1, n1 \cdot n2 \cdot m]} \ltimes E_{\text{d\_former}}(n1, n2) \ltimes W_{[n2,n1]} \ltimes (q_i)^2 \ltimes (e_j)^2$$
$$= G \ltimes (q_i)^2 \ltimes (e_j)^2.$$

采用类似的推理过程，由式 (4.6) 可得到该定理的第 3 项，即

$$\lambda(q_i, e_j)$$
$$= \lambda_2(q_{i2}, \lambda_1(q_{i1}, e_j))$$
$$= H_2 \ltimes q_{i2} \ltimes \lambda_1(q_{i1}, e_j)$$
$$= H_2 \ltimes q_{i2} \ltimes H_1 \ltimes q_{i1} \ltimes e_j$$
$$= H_2 \ltimes W_{[l1,n2]} \ltimes H_1 \ltimes q_{i1} \ltimes e_j \ltimes q_{i2}$$
$$= H_2 \ltimes W_{[l1,n2]} \ltimes H_1 \ltimes W_{[m,n1]} \ltimes e_j \ltimes q_i$$
$$= H_2 \ltimes W_{[l1,n2]} \ltimes H_1 \ltimes W_{[m,n1]} \ltimes W_{[n1 \cdot n2, m]} \ltimes q_i \ltimes e_j$$
$$= H \ltimes q_i \ltimes e_j.$$

定理得证。

定理 4.3 由分量自动机A_1和A_2以反馈方式合成的自动机 $A = (K, \Sigma, W, \delta, \lambda)$ 可表示如下：

(1) $K = \Delta_{n1 \times n2}, \Sigma = \Delta_m, W = \Delta_l$。

(2) $\delta: K \times \Sigma \to K$ 由式 (4.15) 给出，即

$$\delta(q_i, e_j) = G \ltimes (q_i)^3 \ltimes (e_j)^2, \tag{4.15}$$

其中，

$$G = D \ltimes E_{\text{d\_latter}}(n1, n2) \ltimes W_{[m, (n1 \cdot n2)^2]} \ltimes W_{[(n1 \cdot n2)^3, m]},$$

$$D = Q_1 \ltimes W_{[n2, n1 \cdot n2 \cdot m]} \ltimes Q_2 \ltimes W_{[n2, n1 \cdot n2 \cdot m]},$$

G 称为合成有限自动机 A 的状态转移矩阵。

(3) $\lambda: K \times \Sigma \to W$ 由式 (4.16) 给出，即

$$\lambda(q_i, e_j) = H \ltimes q_i \ltimes e_j, \tag{4.16}$$

其中，

$$H = H_1 \ltimes H_0, \quad H_0 = W_{[m1, n1]} \ltimes L_\gamma \ltimes W_{[n1 \cdot n2, m]} \ltimes H_2 \ltimes W_{[n1, n2]},$$

H 称为合成有限自动机 A 的输出结构矩阵。

证明 对于转移函数 $\delta: K \times \Sigma \to K$，由式 (4.5) 可得

$\delta(q_i, e_j)$

$= (\delta_1 (q_{i1}, \gamma (e_j, \lambda_2(q_{i2}))), \delta_2 (q_{i2}, \lambda_1 (q_{i1}, \gamma (e_j, \lambda_2(q_{i2})))))$

$= (G_1 \ltimes q_{i1} \ltimes \gamma (e_j, \lambda_2(q_{i2})), G_2 \ltimes q_{i2} \ltimes \lambda_1 (q_{i1}, \gamma (e_j, \lambda_2(q_{i2}))))$

$= (G_1 \ltimes q_{i1} \ltimes L_\gamma \ltimes e_j \ltimes \lambda_2(q_{i2}), G_2 \ltimes q_{i2} \ltimes H_1 \ltimes q_{i1} \ltimes \gamma (e_j, \lambda_2(q_{i2})))$

$= (G_1 \ltimes q_{i1} \ltimes L_\gamma \ltimes e_j \ltimes H_2 \ltimes q_{i2}, G_2 \ltimes q_{i2} \ltimes H_1 \ltimes q_{i1} \ltimes L_\gamma \ltimes e_j \ltimes \lambda_2(q_{i2}))$

$= (G_1 \ltimes q_{i1} \ltimes L_\gamma \ltimes e_j \ltimes H_2 \ltimes q_{i2}, G_2 \ltimes q_{i2} \ltimes H_1 \ltimes q_{i1} \ltimes L_\gamma \ltimes e_j \ltimes H_2 \ltimes q_{i2})$

$= G_1 \ltimes q_{i1} \ltimes L_\gamma \ltimes e_j \ltimes H_2 \ltimes q_{i2} \ltimes G_2 \ltimes q_{i2} \ltimes H_1 \ltimes q_{i1} \ltimes L_\gamma \ltimes e_j \ltimes H_2 \ltimes q_{i2}$

$= s \ltimes t,$

其中，

$$s = G_1 \ltimes q_{i1} \ltimes L_\gamma \ltimes e_j \ltimes H_2 \ltimes q_{i2},$$

$$t = G_2 \ltimes q_{i2} \ltimes H_1 \ltimes q_{i1} \ltimes L_\gamma \ltimes e_j \ltimes H_2 \ltimes q_{i2}.$$

为书写方便，令 $r = q_{i1} \ltimes L_\gamma \ltimes e_j \ltimes H_2 \ltimes q_{i2}$，则 s 和 t 可分别记作

$$s = G_1 \ltimes r, \tag{4.17}$$

$$t = G_2 \ltimes q_{i2} \ltimes H_1 \ltimes r. \tag{4.18}$$

利用交换矩阵的性质，即式 (2.15)，r 可变换为

$$
\begin{aligned}
r =& q_{i1} \ltimes L_\gamma \ltimes e_j \ltimes H_2 \ltimes q_{i2} \\
=& W_{[m1,n1]} \ltimes L_\gamma \ltimes e_j \ltimes H_2 \ltimes q_{i2} \ltimes q_{i1} \\
=& W_{[m1,n1]} \ltimes L_\gamma \ltimes W_{[n1 \cdot n2, m]} \ltimes H_2 \ltimes q_{i2} \ltimes q_{i1} \ltimes e_j \\
=& W_{[m1,n1]} \ltimes L_\gamma \ltimes W_{[n1 \cdot n2, m]} \ltimes H_2 \ltimes W_{[n1,n2]} \ltimes q_{i1} \ltimes q_{i2} \ltimes e_j \\
=& H_0 \ltimes q_i \ltimes e_j,
\end{aligned}
\tag{4.19}
$$

其中，

$$H_0 = W_{[m1,n1]} \ltimes L_\gamma \ltimes W_{[n1 \cdot n2, m]} \ltimes H_2 \ltimes W_{[n1,n2]}.$$

将式 (4.19) 代入式 (4.17) 和式 (4.18)，可得

$$
\begin{aligned}
s =& G_1 \ltimes H_0 \ltimes q_i \ltimes e_j \\
=& Q_1 \ltimes q_i \ltimes e_j
\end{aligned}
$$

和

$$
\begin{aligned}
t =& G_2 \ltimes q_{i2} \ltimes H_1 \ltimes H_0 \ltimes q_i \ltimes e_j \\
=& G_2 \ltimes W_{[l,n2]} \ltimes H_1 \ltimes H_0 \ltimes q_i \ltimes e_j \ltimes q_{i2} \\
=& Q_2 \ltimes q_i \ltimes e_j \ltimes q_{i2},
\end{aligned}
$$

其中，$Q_1 = G_1 \ltimes H_0$；$Q_2 = G_2 \ltimes W_{[l,n2]} \ltimes H_1 \ltimes H_0$。

因此，有

$$
\begin{aligned}
& s \ltimes t \\
=& Q_1 \ltimes q_i \ltimes e_j \ltimes Q_2 \ltimes q_i \ltimes e_j \ltimes q_{i2} \\
=& Q_1 \ltimes W_{[n2, n1 \cdot n2 \cdot m]} \ltimes Q_2 \ltimes q_i \ltimes e_j \ltimes q_{i2} \ltimes q_i \ltimes e_j \\
=& Q_1 \ltimes W_{[n2, n1 \cdot n2 \cdot m]} \ltimes Q_2 \ltimes W_{[n2, n1 \cdot n2 \cdot m]} \ltimes q_{i2} \ltimes q_i \ltimes e_j \ltimes q_i \ltimes e_j
\end{aligned}
$$

$$= D \ltimes q_{i2} \ltimes q_i \ltimes e_j \ltimes q_i \ltimes e_j$$

$$= D \ltimes E_{\text{d\_latter}}(n1, n2) \ltimes q_i^2 \ltimes e_j \ltimes q_i \ltimes e_j$$

$$= D \ltimes E_{\text{d\_latter}}(n1, n2) \ltimes W_{[m,(n1 \cdot n2)^2]} \ltimes e_j \ltimes q_i^3 \ltimes e_j$$

$$= D \ltimes E_{\text{d\_latter}}(n1, n2) \ltimes W_{[m,(n1 \cdot n2)^2]} \ltimes W_{[(n1 \cdot n2)^3, m]} \ltimes q_i^3 \ltimes e_j^2$$

$$= G \ltimes q_i^3 \ltimes e_j^2.$$

对于输出函数 $\lambda : K \times \varSigma \to W$,由式 (4.6) 可知

$$\lambda(q_i, e_j)$$

$$= \lambda_1 \left(q_{i1}, \gamma \left(e_j, \lambda_2(q_{i2}) \right) \right)$$

$$= H_1 \ltimes q_{i1} \ltimes \gamma \left(e_j, \lambda_2(q_{i2}) \right)$$

$$= H_1 \ltimes q_{i1} \ltimes L_\gamma \ltimes e_j \ltimes \lambda_2(q_{i2})$$

$$= H_1 \ltimes q_{i1} \ltimes L_\gamma \ltimes e_j \ltimes H_2 \ltimes q_{i2}$$

$$= H_1 \ltimes r$$

$$= H_1 \ltimes H_0 \ltimes q_i \ltimes e_j$$

$$= H \ltimes q_i \ltimes e_j.$$

定理得证。

4.3 合成有限自动机的状态控制与输出控制

基于 4.2 节得到的关于合成有限自动机的动态行为模型,本节考查合成有限自动机的控制问题,包括状态控制与输出控制。

与单个自动机可控性的概念相似,对于给定的合成有限自动机 $A = (K, \varSigma, W, \delta, \lambda)$,如果存在输入序列 $e = e_1 e_2 \cdots e_t \in E^*$ 使得 A 从状态 q_i 转移到状态 q_j,那么状态 $q_i \in K$ 称为可控到状态 $q_j \in K$ 的,如果存在输入序列 $e = e_1 e_2 \cdots e_t \in E^*$ 使得 A 在状态 q_i 读取 e 时的输出为 w,输出字符 $w \in W$ 称为从状态 $q_i \in K$ 可控的。在这两种情况下,输入序列 e 称为控制序列。

先分析合成有限自动机在读入输入序列 (或字符串) 时的状态变化情况和输出动态。

定理 4.4 设 G 和 H 分别是由分量自动机 A_1 和 A_2 以并联方式构成的合成有限自动机 A 的状态转移矩阵和输出结构矩阵,那么 A 在状态 q_0 读入字符序列

$e = e_1 e_2 \cdots e_t \in E^*$ 后的状态及输出分别为

$$q^* = G_s \ltimes q_0 \ltimes e_1^2 \ltimes e_2^2 \ltimes \cdots \ltimes e_t^2 \tag{4.20}$$

和

$$w^* = H_s \ltimes q_0 \ltimes e_1^2 \ltimes e_2^2 \ltimes \cdots \ltimes e_t^2, \tag{4.21}$$

其中, $G_s = G^t$; $H_s = H \ltimes G^{t-1}$。

　　证明　先证明式 (4.20)。由于自动机在处理字符串时是按照一个一个字符处理的方式进行的, 因此有

$$\delta(q_0, e_1 e_2 \cdots e_t)$$
$$= \delta\left(\delta(q_0, e_1), e_2 e_3 \cdots e_t\right)$$
$$\vdots$$
$$= \underbrace{\delta(\delta(\delta(\cdots \delta(\delta(\delta(q_0, e_1), e_2), e_3), \cdots), e_{t-1}), e_t)}_{t}$$
$$= \underbrace{\delta(\delta(\delta(\cdots \delta(\delta(G \ltimes q_0 \ltimes e_1^2, e_2), e_3), \cdots), e_{t-1}), e_t)}_{t-1}$$
$$= \delta\underbrace{\left(\delta(\delta(\cdots \delta(\underbrace{G \ltimes G}_{2} \ltimes q_0 \ltimes e_1^2 \ltimes e_2^2, e_3), \cdots), e_{t-1}), e_t\right)}_{t-2}$$
$$\vdots$$
$$= \delta(G^{t-1} \ltimes q_0 \ltimes e_1^2 \ltimes e_2^2 \ltimes \cdots \ltimes e_{t-1}^2, e_t)$$
$$= G \ltimes G^{t-1} \ltimes q_0 \ltimes e_1^2 \ltimes e_2^2 \ltimes \cdots \ltimes e_{t-1}^2 \ltimes e_t^2$$
$$= G^t \ltimes q_0 \ltimes e_1^2 \ltimes e_2^2 \ltimes \cdots \ltimes e_{t-1}^2 \ltimes e_t^2$$
$$= G_s \ltimes q_0 \ltimes e_1^2 \ltimes e_2^2 \ltimes \cdots \ltimes e_{t-1}^2 \ltimes e_t^2.$$

采用类似的方法可以证明式 (4.21), 具体如下所示:

$$\lambda(q_0, e_1 e_2 \cdots e_t)$$
$$= \lambda\left(\delta(q_0, e_1), e_2 e_3 \cdots e_t\right)$$
$$= \lambda\left(\delta\left(\delta(q_0, e_1), e_2\right), e_3 \cdots e_t\right)$$
$$\vdots$$
$$= \lambda(\underbrace{\delta(\delta(\cdots \delta(\delta(\delta(q_0, e_1), e_2), e_3), \cdots), e_{t-1})}_{t-1}, e_t)$$

$$= \lambda(\underbrace{\delta(\delta(\cdots\delta(\delta(G \ltimes q_0 \ltimes e_1^2, e_2), e_3), \cdots), e_{t-1})}_{t-2}, e_t)$$

$$= \lambda(\underbrace{\delta(\delta(\cdots\delta(\underbrace{G \ltimes G}_{2} \ltimes q_0 \ltimes e_1^2 \ltimes e_2^2, e_3), \cdots), e_{t-1})}_{t-3}, e_t)$$

$$\vdots$$

$$= \lambda(G^{t-1} \ltimes q_0 \ltimes e_1^2 \ltimes e_2^2 \ltimes \cdots \ltimes e_{t-1}^2, e_t)$$

$$= H \ltimes G^{t-1} \ltimes q_0 \ltimes e_1^2 \ltimes e_2^2 \ltimes \cdots \ltimes e_{t-1}^2 \ltimes e_t^2$$

$$= H_s \ltimes q_0 \ltimes e_1^2 \ltimes e_2^2 \ltimes \cdots \ltimes e_{t-1}^2 \ltimes e_t^2.$$

因此，结论成立。

接下来，考虑定理 4.4 的逆问题，即如何确定合成有限自动机的输入或输入序列使其状态或输出达到预期的结果。

定理 4.5 设 G 和 H 分别是由分量自动机 A_1 和 A_2 以并联方式构成的合成有限自动机 A 的状态转移矩阵和输出结构矩阵，那么状态 $q_0 \in K$ 经过 t 步转移可控到状态 $q^* \in K$ 的充分必要条件是 $\delta_n^q \in \mathrm{col}(M)$，其中，$\delta_n^q$ 是 q^* 的向量形式，$n = n_1 \cdot n_2$ 是合成有限自动机 A 的状态数，$M = G_s \ltimes q_0$。

证明 设 δ_n^p 是状态 q_0 的向量形式。

(必要性) 如果状态 $q_0 = \delta_n^p$ 是经过长度为 t 的输入序列可控到目标状态 $q^* = \delta_n^q$，设此输入序列为 $e = e_1 e_2 \cdots e_t \in E^*$，根据定理 4.4 可知

$$q^* = \delta_n^q$$

$$= G_s \ltimes q_0 \ltimes e_1^2 \ltimes e_2^2 \ltimes \cdots \ltimes e_{t-1}^2 \ltimes e_t^2$$

$$= M \ltimes u(t),$$

其中，$u(t) = (\delta_m^1)^2 \ltimes (\delta_m^2)^2 \ltimes \cdots \ltimes (\delta_m^t)^2$；$\delta_m^j$ 是字符 e_j 的向量形式，$j = 1, 2, \cdots, t$。

由于 $u(t) = (\delta_m^1)^2 \ltimes (\delta_m^2)^2 \ltimes \cdots \ltimes (\delta_m^t)^2$ 是一个向量，并且在其元素中，只有一个为 1，其他均为 0，所以可得

$$q^* \in \mathrm{col}(M),$$

此即 $\delta_n^q \in \mathrm{col}(M)$。必要性得证。

(充分性) 由向量的半张量积运算，可知

$$\mathrm{col}_i(M) \in \Delta_n, \quad i = 1, 2, \cdots, m^t,$$

这表明 M 每一列的元素中都只有一个为 1，其他均为 0，即 $\mathrm{col}(M) \subseteq \mathrm{col}(I_n)$。

如果 $\delta_n^q \in \mathrm{col}(M)$，例如，设 $\delta_n^q = \mathrm{col}_k(M)$，那么 $u(t) = \delta_{m^t}^k$ 是方程 $M \ltimes x = \delta_n^q$(关于 x 为未知变量) 的解。

同时，根据半张量积的性质，$u(t) = \delta_{m^t}^k$ 可以看作 $2t$ 个向量的半张量积，也可以看作 t 个向量的平方的半张量积。根据定理 4.4 的结论，即式 (4.20)，将 $u(t) = \delta_{m^t}^k$ 看作 t 个向量的平方的半张量积。设这 t 个字符为 $e_1, e_2, \cdots, e_t$，其向量形式分别为 $\delta_m^1, \delta_m^2, \cdots, \delta_m^t$，从而有

$$u(t) = (\delta_m^1)^2 \ltimes (\delta_m^2)^2 \ltimes \cdots \ltimes (\delta_m^t)^2.$$

由方程 $M \ltimes x = \delta_n^q$ 和式 (4.20) 可知，输入序列 $e = e_1 e_2 \cdots e_t$ 能将自动机 A 从状态 $q_0 = \delta_n^p$ 移动到状态 $q^* = \delta_n^q$。由状态可控的定义可知，$e = e_1 e_2 \cdots e_t$ 是符合要求的控制序列。

因此，根据文献 [18]，通过解下列 $2t$ 元的方程 (δ_m^j 为未知量) 可以得到每个输入字符的向量形式，即得到每个字符 (按输入顺序)，从而得到输入序列，即

$$\ltimes_{j=1}^t (\delta_m^j)^2 = \delta_{m^{2t}}^k. \tag{4.22}$$

充分性得证。定理 4.5 证毕。

注 4.1   方程 (4.22) 也可以看作 t 元的方程 $((\delta_m^j)^2$ 为未知量)：

$$\ltimes_{j=1}^t x = \delta_{m^{2t}}^k, \tag{4.23}$$

其中，$x = (\delta_m^j)^2$。

通过解方程 (4.23)，可得到 $(\delta_m^j)^2$。进而，求解下列二元方程：

$$x \ltimes x = (\delta_m^j)^2, \tag{4.24}$$

即可得到每个控制字符 e_j。这样处理的好处是，当用计算机求解问题时，可以大幅度地降低对计算机内存容量的要求。

与定理 4.5 的证明类似，可以证明下面结论。

定理 4.6   设 G 和 H 分别是由分量自动机 A_1 和 A_2 以并联方式构成的合成有限自动机 A 的状态转移矩阵和输出结构矩阵，那么输出字符 $w^* \in W$ 在状态

$q_0 \in K$ 经过 t 个输入可控的充分必要条件是 $\delta_l^q \in \operatorname{col}(M)$, 其中, δ_l^q 是 w^* 的向量形式, $M = H_s \ltimes q_0$。

基于定理 4.5 的证明, 可以建立算法求得所有这样的控制序列: 长度为 t 的将 A 由任意状态控制另外一任意状态的控制序列 (如果这两个状态之间是可控的), 也可以建立算法求得使合成有限自动机 A 在任意状态经过 t 步转移产生期望输出的所有控制序列 (如果该输出是可控的)。

算法 4.1 给定由并联方式构成的合成有限自动机 $A = (K, \Sigma, W, \delta, \lambda)$, $K = \{q_1, q_2, \cdots, q_n\}$, $\Sigma = \{e_1, e_2, \cdots, e_m\}$。将状态 q_i 标识为 $\delta_n^i (i = 1, 2, \cdots, n)$, 将字符 e_j 标识为 $\delta_m^j (j = 1, 2, \cdots, m)$。以下步骤可求得所有长度为 t 的将 A 由任意初始状态 $q^0 = \delta_n^p$ 控制另外一任意状态 $q^* = \delta_n^q$ 的控制序列。

步骤 1 计算定理 4.5 中的矩阵 $M = G_s \ltimes \delta_n^p$。

步骤 2 检查 $\delta_n^q \in \operatorname{col}(M)$ 是否成立。若不成立, 则初始状态 $q_0 = \delta_n^p$ 不可控到目标状态 $q^* = \delta_n^q$, 算法结束; 否则, 标记 M 中的这些列, 并构造集合

$$K = \{i | \delta_n^q = \operatorname{col}_i(M)\}.$$

步骤 3 对 K 的每一元素 $l \in K$, 令 $\ltimes_{i=1}^t (\delta_m^i)^2 = \delta_{m^{2t}}^l$ 和

$$\begin{cases} S_{1,m}^{2t} = I_m \otimes 1_{m^{2t-1}}, \\ S_{2,m}^{2t} = \underbrace{[I_m \otimes 1_{m^{2t-2}} \cdots I_m \otimes 1_{m^{2t-2}}]}_{m}, \\ \qquad\qquad \vdots \\ S_{2t-1,m}^{2t} = \underbrace{[I_m \otimes 1_m \cdots I_m \otimes 1_m]}_{m^{2t-2}}, \\ S_{2t,m}^{2t} = \underbrace{[I_m \cdots I_m]}_{m^{2t-1}}, \end{cases}$$

进而可得

$$e_j \sim \delta_m^j = S_{j,m}^{2t} \ltimes \delta_{m^{2t}}^l, \quad j = 1, 2, \cdots, 2t. \tag{4.25}$$

由式 (4.25) 所得的 $(e_1, e_2, \cdots, e_t)$, 可得到对应于 l 的一个长度为 t 的控制序列为 $P_l = e_1 e_2 \cdots e_t$。

步骤 4 重复步骤 3, 直到 K 中的所有元素都执行完, 即可得到所有的控制序列。

根据定理 4.6 与定理 4.5 的相似性，只需对算法 4.1 进行适当改动，即可建立如下算法求得使合成有限自动机 A 在任意状态经过 t 步转移产生期望输出的所有控制序列。

算法 4.2　给定由并联方式构成的合成有限自动机 $A = (K, \Sigma, W, \delta, \lambda)$，$K = \{q_1, q_2, \cdots, q_n\}$，$\Sigma = \{e_1, e_2, \cdots, e_m\}$，$W = \{w_1, w_2, \cdots, w_l\}$。将状态 q_i 标识为 $\delta_n^i (i = 1, 2, \cdots, n)$，将字符 e_j 和 w_k 分别标识为 δ_m^j 和 $\delta_l^k (j = 1, 2, \cdots, m; x = 1, 2, \cdots, l)$。以下步骤可求得所有长度为 t 的使合成有限自动机 A 在任意状态 $q_0 = \delta_n^p$ 经过 t 步转移产生期望的输出 $w^* = \delta_l^q$ 的控制序列。

步骤 1　计算定理 4.6 中的矩阵 $M = H_s \ltimes \delta_n^p$。

步骤 2　检查 $\delta_l^q \in \mathrm{col}(M)$ 是否成立。若不成立，则 A 在初始状态 $q_0 = \delta_n^p$ 不可产生期望输出 $w^* = \delta_l^q$，算法结束；否则，标记 M 中的这些列，并构造集合

$$K = \{i | \delta_l^q = \mathrm{col}_i(M)\}.$$

步骤 3　对 K 的每一元素 $s \in K$，令 $\ltimes_{i=1}^t (\delta_m^i)^2 = \delta_{m^{2t}}^s$ 和

$$\begin{cases} S_{1,m}^{2t} = I_m \otimes 1_{m^{2t-1}}, \\ S_{2,m}^{2t} = [\underbrace{I_m \otimes 1_{m^{2t-2}} \cdots I_m \otimes 1_{m^{2t-2}}}_{m}], \\ \quad\quad\quad \vdots \\ S_{2t-1,m}^{2t} = [\underbrace{I_m \otimes 1_m \cdots I_m \otimes 1_m}_{m^{2t-2}}], \\ S_{2t,m}^{2t} = [\underbrace{I_m \cdots I_m}_{m^{2t-1}}], \end{cases}$$

进而可得

$$e_j \sim \delta_m^j = S_{j,m}^{2t} \ltimes \delta_{m^{2t}}^s, \quad j = 1, 2, \cdots, 2t. \tag{4.26}$$

步骤 4　检查以上所得字符是否满足条件

$$e_1 = e_2, \quad e_3 = e_4, \quad \cdots, \quad e_{2t-1} = e_{2t}, \tag{4.27}$$

若满足，则由式 (4.27) 所得的 $(e_1, e_2, \cdots, e_t)$ 即对应于 s 的一个长度为 t 的控制序列 $P_s = e_1 e_2 \cdots e_t$；否则，忽略这些字符。

步骤 5　重复步骤 3 和步骤 4，直到 K 中的所有元素都执行完，即可得到所有的控制序列。

至于串联方式和反馈方式构成的合成有限自动机的控制问题，利用与本节相似的思路和证明方法，也可以得到这些合成有限自动机有关控制问题的相应结论，包括充分必要条件和对应的算法。为避免内容冗余，本书予以省略。

4.4 合成有限自动机验证实例

本节利用文献 [112] 中的实例来验证本章所得的结论及算法的正确性。第一个实例用于检验合成有限自动机建模方法的正确性，第二个实例用于演示如何利用算法 4.1 和算法 4.2 求得所有的控制序列。

4.4.1 合成有限自动机的动态建模

首先，考查并联合成有限自动机的情况。考虑由分量自动机 $A_1 = (K_1, \Sigma, W_1, \delta_1, \lambda_1)$ 和 $A_2 = (K_2, \Sigma, W_2, \delta_2, \lambda_2)$ 构成的并联合成有限自动机 $A = (K, \Sigma, W, \delta, \lambda)$，$W = \{w_1, w_2, w_3\}$，转换器 φ 的定义如表 4.1 所示，δ 和 λ 如式 (4.1) 和式 (4.2) 所定义。A_1 和 A_2 如图 4.4 所示，其中，$K_1 = \{q_{1,1}, q_{1,2}, q_{1,3}\}$，$\Sigma = \{e_1, e_2\}$，$W_1 = \{w_{1,1}, w_{1,2}\}$，$K_2 = \{q_{2,1}, q_{2,2}\}$，$W_2 = \{w_{2,1}, w_{2,2}\}$。图 4.4 中的虚线部分表示自动机的输出动态。

表 4.1 转换器 φ 的定义

	$w_{1,1}$	$w_{1,2}$
$w_{2,1}$	w_1	w_2
$w_{2,2}$	w_2	w_3

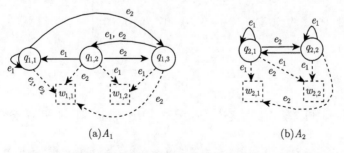

(a)A_1 (b)A_2

图 4.4 并联合成有限自动机中的分量自动机 A_1 和 A_2

将有关状态、输入字符和输出字符用向量形式表示如下：

$$q_{1,1} \sim \delta_3^1, \quad q_{1,2} \sim \delta_3^2, \quad q_{1,3} \sim \delta_3^3,$$
$$q_{2,1} \sim \delta_2^1, \quad q_{2,2} \sim \delta_2^2, \quad w_{1,1} \sim \delta_2^1,$$
$$w_{1,2} \sim \delta_2^2, \quad w_{2,1} \sim \delta_2^1, \quad w_{2,2} \sim \delta_2^2,$$
$$e_1 \sim \delta_2^1, \quad e_2 \sim \delta_2^2.$$

那么, 合成有限自动机 A 的状态可以表示为

$$q_1 \sim \delta_6^1, \quad q_2 \sim \delta_6^2, \quad q_3 \sim \delta_6^3,$$
$$q_4 \sim \delta_6^4, \quad q_5 \sim \delta_6^5, \quad q_6 \sim \delta_6^6.$$

根据引理 4.1, 分量自动机 A_1 和 A_2 的状态转移矩阵以及转换器 φ 的结构矩阵分别为

$$G_1 = \begin{bmatrix} 1 & 0 & 1 & 0 & 0 & 0 \\ 0 & 0 & 0 & 0 & 1 & 1 \\ 0 & 1 & 0 & 1 & 0 & 0 \end{bmatrix},$$

$$G_2 = \begin{bmatrix} 1 & 0 & 0 & 1 \\ 0 & 1 & 1 & 0 \end{bmatrix},$$

$$L_\varphi = \begin{bmatrix} 1 & 0 & 0 & 0 \\ 0 & 1 & 1 & 0 \\ 0 & 0 & 0 & 1 \end{bmatrix}.$$

分量自动机 A_1 和 A_2 的输出结构矩阵分别为

$$H_1 = \begin{bmatrix} 1 & 1 & 0 & 1 & 0 & 1 \\ 0 & 0 & 1 & 0 & 1 & 0 \end{bmatrix},$$

$$H_2 = \begin{bmatrix} 1 & 0 & 0 & 1 \\ 0 & 1 & 1 & 0 \end{bmatrix}.$$

由定理 4.1 可知, A 的状态转移矩阵和输出结构矩阵 G 和 H 分别为

$$G = \delta_6[1,5,2,6,2,6,1,5,1,5,2,6,2,6,1,5,3,3,4,4,4,4,3,3],$$

$$H = \delta_6[1,1,2,2,2,2,1,1,2,1,3,2,3,2,2,1,2,1,3,2,3,2,2,1],$$

进而可得

$$\delta(q_3, e_1) = G \ltimes q_3 \ltimes (e_1)^2 = G \ltimes \delta_6^3 \ltimes (\delta_2^1)^2 = \delta_6^1,$$

$$\lambda(q_3, e_1) = H \ltimes q_3 \ltimes (e_1)^2 = H \ltimes \delta_6^3 \ltimes (\delta_2^1)^2 = \delta_3^2,$$

$$\delta(q_3, e_2) = G \ltimes q_3 \ltimes (e_2)^2 = G \ltimes \delta_6^3 \ltimes (\delta_2^2)^2 = \delta_6^6,$$

$$\lambda(q_3, e_2) = H \ltimes q_3 \ltimes (e_2)^2 = H \ltimes \delta_6^3 \ltimes (\delta_2^2)^2 = \delta_3^2.$$

这表明，合成有限自动机 A 在状态 q_3 读取字符 e_1 时，状态转移到 q_1；读取字符 e_2 时，状态转移到 q_6。另外，在这两种情况下，合成有限自动机 A 的输出均为 w_2。这些结果和文献 [112] 中的结果一致。

然后，考查串联合成有限自动机的情况。考虑由分量自动机 $A_1 = (K_1, \Sigma, W_1, \delta_1, \lambda_1)$ 和 $A_2 = (K_2, W_1, W, \delta_2, \lambda_2)$ 构成的串联合成有限自动机 $A = (K, \Sigma, W, \delta, \lambda)$，$\delta$ 和 λ 如式 (4.3) 和式 (4.4) 所定义。分量自动机 A_1 和 A_2 如图 4.5 所示，其中，$K_1 = \{q_{1,1}, q_{1,2}, q_{1,3}\}$，$\Sigma = \{e_1, e_2\}$，$W_1 = \{w_{1,1}, w_{1,2}\}$，$K_2 = \{q_{2,1}, q_{2,2}\}$，$W = \{w_1, w_2\}$。图 4.5 中的虚线部分表示自动机的输出动态。

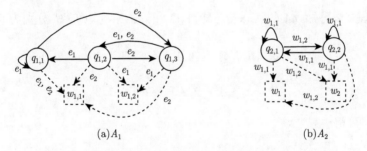

(a)A_1　　　　　　　　　　　　　　(b)A_2

图 4.5　串联合成有限自动机中的分量自动机 A_1 和 A_2

将有关状态、输入字符和输出字符用向量形式表示如下：

$$q_{1,1} \sim \delta_3^1, \quad q_{1,2} \sim \delta_3^2, \quad q_{1,3} \sim \delta_3^3,$$

$$q_{2,1} \sim \delta_2^1, \quad q_{2,2} \sim \delta_2^2, \quad w_{1,1} \sim \delta_2^1,$$

$$w_{1,2} \sim \delta_2^2, \quad w_1 \sim \delta_2^1, \quad w_2 \sim \delta_2^2,$$

$$e_1 \sim \delta_2^1, \quad e_2 \sim \delta_2^2.$$

因此, 合成有限自动机 A 的状态可以表示为

$$q_1 \sim \delta_6^1, \quad q_2 \sim \delta_6^2, \quad q_3 \sim \delta_6^3,$$
$$q_4 \sim \delta_6^4, \quad q_5 \sim \delta_6^5, \quad q_6 \sim \delta_6^6.$$

由引理 4.1 可以得到 A_1 和 A_2 的状态转移矩阵以及输出结构矩阵分别为

$$G_1 = \begin{bmatrix} 1 & 0 & 1 & 0 & 0 & 0 \\ 0 & 0 & 0 & 0 & 1 & 1 \\ 0 & 1 & 0 & 1 & 0 & 0 \end{bmatrix},$$

$$G_2 = \begin{bmatrix} 1 & 0 & 0 & 1 \\ 0 & 1 & 1 & 0 \end{bmatrix},$$

$$H_1 = \begin{bmatrix} 1 & 1 & 0 & 1 & 0 & 1 \\ 0 & 0 & 1 & 0 & 1 & 0 \end{bmatrix},$$

$$H_2 = \begin{bmatrix} 1 & 0 & 0 & 1 \\ 0 & 1 & 1 & 0 \end{bmatrix}.$$

由定理 4.2 可知, A 的状态转移矩阵 G 和输出结构矩阵 H 分别为

$$G = \delta_6[1, 5, 1, 5, 2, 6, 2, 6, \cdots, 4, 4, 4, 4, , 3, 3, 3, 3, 4, 4] \in M_{6 \times 144}$$

$$H = \delta_6[1, 1, 2, 2, 2, 1, 1, 2, 2, 1, 1, 2].$$

由此, 可得

$$\delta(q_3, e_1) = G \ltimes (q_3)^2 \ltimes (e_1)^2 = G \ltimes (\delta_6^3)^2 \ltimes (\delta_2^1)^2 = \delta_6^2,$$

$$\lambda(q_3, e_1) = H \ltimes q_3 \ltimes e_1 = H \ltimes \delta_6^3 \ltimes \delta_2^1 = \delta_2^2.$$

这表明, 合成有限自动机 A 在状态 q_3 读取字符 e_1 时, 状态转移到 q_2, 输出字符 w_2。这与文献 [112] 中查表的结果一致。

最后, 检验反馈合成有限自动机的情形。考虑由分量自动机 $A_1 = (K_1, \Sigma_1, W, \delta_1,$ $\lambda_1)$ 和 $A_2 = (K_2, W, W_2, \delta_2, \lambda_2)$ 构成的反馈合成有限自动机 $A = (K, \Sigma, W, \delta, \lambda)$, $\Sigma = \{e_1, e_2, e_3\}$, 转换器 γ 的定义如表 4.2 所示, δ 和 λ 的定义见式 (4.5) 和式 (4.6)。分量自动机 A_1 和 A_2 如图 4.6 所示, 其中, $K_1 = \{q_{1,1}, q_{1,2}, q_{1,3}\}$, $\Sigma_1 = \{e_{1,1}, e_{1,2}\}$, $W =$

$\{w_1, w_2, w_3\}$，$K_2 = \{q_{2,1}, q_{2,2}\}$，$W_2 = \{w_{2,1}, w_{2,2}\}$。图 4.6 中的虚线部分表示自动机的输出动态。

表 4.2 转换器 γ 的定义

	e_1	e_2	e_3
$w_{2,1}$	$e_{1,1}$	$e_{1,1}$	$e_{1,1}$
$w_{2,2}$	$e_{1,2}$	$e_{1,2}$	$e_{1,1}$

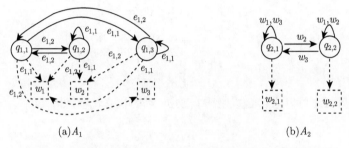

(a)A_1 (b)A_2

图 4.6 反馈合成有限自动机中的分量自动机 A_1 和 A_2

将有关状态、输入字符和输出字符用向量形式表示如下：

$$q_{1,1} \sim \delta_3^1, \quad q_{1,2} \sim \delta_3^2, \quad q_{1,3} \sim \delta_3^3,$$
$$q_{2,1} \sim \delta_2^1, \quad q_{2,2} \sim \delta_2^2, \quad w_1 \sim \delta_3^1,$$
$$w_2 \sim \delta_3^2, \quad w_3 \sim \delta_3^3, \quad w_{2,1} \sim \delta_2^1,$$
$$w_{2,2} \sim \delta_2^2, \quad e_1 \sim \delta_3^1, \quad e_2 \sim \delta_3^2, \quad e_3 \sim \delta_3^3.$$

那么，合成有限自动机 A 的状态可以表示为

$$q_1 \sim \delta_6^1, \quad q_2 \sim \delta_6^2, \quad q_3 \sim \delta_6^3,$$
$$q_4 \sim \delta_6^4, \quad q_5 \sim \delta_6^5, \quad q_6 \sim \delta_6^6.$$

根据引理 4.1，分量自动机 A_1 和 A_2 的状态转移矩阵以及转换器 γ 的结构矩阵分别为

$$G_1 = \begin{bmatrix} 0 & 0 & 0 & 0 & 1 & 1 \\ 0 & 1 & 0 & 1 & 0 & 0 \\ 1 & 0 & 1 & 0 & 0 & 0 \end{bmatrix},$$

$$G_2 = \begin{bmatrix} 1 & 0 & 0 & 0 & 1 & 1 \\ 0 & 1 & 1 & 1 & 0 & 0 \end{bmatrix},$$

$$L_\gamma = \begin{bmatrix} 1 & 0 & 1 & 0 & 1 & 1 \\ 0 & 1 & 0 & 1 & 0 & 0 \end{bmatrix}.$$

分量自动机 A_1 和 A_2 的输出结构矩阵分别为

$$H_1 = \begin{bmatrix} 1 & 0 & 1 & 0 & 1 & 0 \\ 0 & 1 & 0 & 0 & 0 & 1 \\ 0 & 0 & 0 & 1 & 0 & 0 \end{bmatrix},$$

$$H_2 = \begin{bmatrix} 1 & 0 \\ 0 & 1 \end{bmatrix}.$$

利用定理 4.3 可以求得合成有限自动机 A 的状态转移矩阵 G 和输出结构矩阵 H 分别为

$$G = \delta_6[5,5,5,5,5,5,3,3,5,\cdots,6,2,2,6,2,2,6] \in \mathrm{M}_{6\times1944},$$
$$H = \delta_3[1,1,1,3,3,1,2,2,2,1,1,2,1,1,1,2,2,1].$$

因此, 可得

$$\delta(q_3, e_1) = G \ltimes (q_3)^3 \ltimes (e_1)^2 = G \ltimes (\delta_6^3)^3 \ltimes (\delta_2^1)^2 = \delta_6^4,$$
$$\lambda(q_3, e_1) = H \ltimes q_3 \ltimes e_1 = H \ltimes \delta_6^3 \ltimes \delta_2^1 = \delta_3^2.$$

这表明合成有限自动机 A 在状态 q_3 读取字符 e_1 时状态转移到 q_4, 输出均为 w_2。这与文献 [112] 中由查表法得到的结果保持一致。

4.4.2　合成有限自动机的输出控制

该实例用来说明如何运用算法 4.1 和算法 4.2 来求合成有限自动机的控制序列。

考虑由分量自动机 $A_1 = (K_1, \Sigma_1, W, \delta_1, \lambda_1)$ 和 $A_2 = (K_2, W, W_2, \delta_2, \lambda_2)$ 构成的并联合成有限自动机 $A = (K, \Sigma, W, \delta, \lambda)$, 转换器 φ 的定义如表 4.1 所示, δ 和 λ 如式 (4.1) 和式 (4.2) 所定义。分量自动机 A_1 和 A_2 如图 4.4 所示, 其中, $K_1 = \{q_{1,1}, q_{1,2}, q_{1,3}\}$, $\Sigma = \{e_1, e_2\}$, $W_1 = \{w_{1,1}, w_{1,2}\}$, $K_2 = \{q_{2,1}, q_{2,2}\}$, $W_2 = \{w_{2,1}, w_{2,2}\}$。

假设合成有限自动机 A 在状态 q_3 读入长度为 3 的输入序列 $e = e_1e_2e_1$, 利用式 (4.20) 可以得到最终的状态为

$$
\begin{aligned}
q^* &= G_s \ltimes q_3 \ltimes e_1^2 \ltimes e_2^2 \ltimes e_1^2 \\
&= G_s \ltimes \delta_6^3 \ltimes (\delta_2^1)^2 \ltimes (\delta_2^2)^2 \ltimes (\delta_2^1)^2 \\
&= \delta_6^4,
\end{aligned} \tag{4.28}
$$

其中,

$$
G_s = \delta_6[1,5,2,6,3,3,4,\cdots,6,1,5,4,4,3,3] \in \mathrm{M}_{6\times384}.
$$

同样, 由式 (4.21) 可以得到最终输出为

$$
\begin{aligned}
w^* &= H_s \ltimes q_3 \ltimes e_1^2 \ltimes e_2^2 \ltimes e_1^2 \\
&= H_s \ltimes \delta_6^3 \ltimes (\delta_2^1)^2 \ltimes (\delta_2^2)^2 \ltimes (\delta_2^1)^2 \\
&= \delta_3^3,
\end{aligned} \tag{4.29}
$$

其中,

$$
H_s = \delta_6[1,1,2,2,2,1,3,\cdots,2,1,1,3,2,2,1] \in \mathrm{M}_{3\times384}.
$$

这些结果表明最终状态是 q_4, 输出为 w_3。

接下来, 利用算法 4.2 求解上述问题的逆问题, 即如何确定输入序列使合成有限自动机 A 在状态 q_3 处读入该序列产生的输出为 w_3。

步骤 1 计算矩阵

$$
\begin{aligned}
M &= H_s \ltimes \delta_6^3 \\
&= \delta_3[1,1,2,2,2,1,3,2,2,2,1,1,3,2,2,1,2,1,3,2,2,\\
&\quad\ 1,3,2,3,2,2,1,3,2,2,1,2,2,1,1,3,2,2,1,1,1,2,\\
&\quad\ 2,2,1,3,2,3,2,2,1,3,2,2,1,2,1,3,2,2,1,3,2] \in \mathrm{M}_{3\times64}.
\end{aligned}
$$

步骤 2 检查 δ_3^3 是否在 M 的列中。发现 δ_3^3 在 M 的第 7、13、19、23、25、29、37、47、49、53、59 和 63 列中出现, 有

$$K = \{7, 13, 19, 23, 25, 29, 37, 47, 49, 53, 59, 63\}.$$

步骤 3 对于 $13 \in K$, 令 $\times_{i=1}^{3}(\delta_2^i)^2 = \delta_{64}^{13}$ 和

$$
\begin{cases}
S_{1,2}^6 = I_2 \otimes 1_{2^5}, \\
S_{2,2}^6 = [I_2 \otimes 1_{2^4}, I_2 \otimes 1_{2^4}], \\
\quad\quad\vdots \\
S_{5,2}^6 = [\underbrace{I_2 \otimes 1_2 \cdots I_2 \otimes 1_2}_{2^4}], \\
S_{6,2}^6 = [\underbrace{I_2 \cdots I_2}_{2^5}],
\end{cases}
$$

从而可得

$$
\begin{aligned}
e_1 &= e_2 = \delta_2^1, \\
e_3 &= e_4 = \delta_2^2, \\
e_5 &= e_6 = \delta_2^1.
\end{aligned}
$$

步骤 4 检验以上字符满足条件 (4.27)。因此，得到控制序列 $e = e_1 e_2 e_1$。

步骤 5 由 K 中其他元素得到的输入字符不满足条件 $e_1 = e_2, e_3 = e_4, e_5 = e_6$。因此，只存在唯一的控制序列满足要求。这与式 (4.29) 的结果一致，也表明了算法的正确性。

4.5 本 章 小 结

逻辑动态系统代数状态空间法对于离散的动态系统来说是一个非常有力的建模工具，能够将其动态行为表达为一种代数方程。这样，经典的有关代数方程的理论，如分析方法、求解方法等，都可借鉴应用。合成有限自动机是一种结构更加复杂的自动机，它由多个分量自动机构成，这些分量自动机可以同时进行信息交换，动态行为也呈现出新的特点。

本章介绍了合成有限自动机的建模与控制问题，其方法思路与第 3 章相似。基于逻辑动态系统的代数状态空间将自动机的状态、输入、输出等变量转化为向量形式；将合成有限自动机的状态转移函数和输出函数表示成矩阵的代数形式；进而建

立了合成有限自动机的动态方程，提出了其状态可控与输出可控的充分必要条件。利用这些充分必要条件，建立了能够设计出所有控制序列的算法，包括状态控制序列和输出控制序列。需要指出的是，本章所得的结论是合成有限自动机的理论结果，其计算复杂度较高。如果能够进一步降低其计算复杂度，那么这些结论会具有更大的实际应用价值。

第5章 受控有限自动机的代数模型
及可达性与可控性分析

5.1 引　言

离散事件动态系统是一种人为构造的系统。与传统的连续变量系统不同，这种系统的演化是由服从复杂人为规则的离散事件起决定作用，而不是由遵循物理学定律的连续变量决定的。这种特点使离散事件动态系统服从的是人为的逻辑规则，而不是物理学定律，这就使得不能采用传统的微分方程或差分方程对其动态行为进行描述。

目前，通常在三个层次上对离散事件系统的动态行为进行建模与分析：代数层次侧重于从物理时间的角度分析系统的代数性质及动态过程；统计性能层次强调的是系统的性能，采用随机过程等数学工具分析随机情况下系统的平均性能；逻辑层次侧重于在逻辑的范畴描述系统的状态与事件的先后关系。Ramadge 和 Wonham 所开创的研究离散事件动态系统的自动机/形式语言方法，属于逻辑层次的建模方法。该方法的核心是基于自动机/形式语言的监控理论，着重研究离散事件动态系统在逻辑层次上的控制问题。

受控有限自动机是离散事件动态系统的被控对象。正如何毓琦教授所指出的 [113]，对离散事件动态系统的动态行为建模主要存在以下困难：离散事件的不连续本质、大多数性能度量的连续本质、概率化的基本性、梯阶分析的必要性、动力学特性的不可避免性和计算的可行性。本章利用程代展提出的逻辑动态系统代数状态空间法，对受控有限自动机的动态行为进行分析。由前几章的内容可以发现，这种逻辑动态系统代数状态空间法，在对有限自动机的动态行为建模中具有一些优越的性质。例如，将自动机的动态行为，包括内部动态 (状态转移) 和外部动态 (输出行为)，表达成一种矩阵的代数方程。基于这种代数方程，讨论自动机的一些性质变得十分方便。

由于受控有限自动机是普通有限自动机在功能上的扩展，其结构也发生了变换，引进了控制范式 (control specification) 的概念。控制范式直接影响系统的动态行为。但是，控制范式是一种布尔函数，属于逻辑算子的范畴，而逻辑动态系统代数状态空间法在对逻辑动态的建模方面具有十分优越的性能。因此，从理论上讲，利用该方法对控制范式进行描述，再基于前几章所得的关于普通有限自动机的结论，可以对受控有限自动机的动态行为进行描述。在此基础上，再对其一些性能进行讨论，如可达性与可控性等。这是本章所讨论的主要内容。

5.2 受控有限自动机的代数模型

5.2.1 受控有限自动机概述

如第 3 章和第 4 章所述，在实际应用中，根据实际问题的需要，有限自动机的一般模型 $A = (X, E, Y, f, g, x^0, X^m)$，也可以定义为五元组、六元组等。对于受控有限自动机问题，本章采用有限自动机的五元组模型 $A = (X, E, Y, f, g)$，并采用离散事件动态系统的习惯符号，记作 $G = (\Sigma, Q, \delta, q_0, Q^m)$，其中，$\Sigma$ 是事件的有限集合，称为事件集；Q 是有限状态的集合；$q_0 \in Q$ 是初始状态；$Q^m \subset Q$ 是接受状态集；δ 是 $\Sigma \times Q \rightarrow 2^Q$ 上的状态转移函数，2^Q 表示集合 Q 的幂集，即 $\delta(\sigma, q) \subset Q$。用 Σ^* 表示事件集 Σ 上所有有限事件序列 (也称为符号串) 构成的集合，其中不包括空事件。对于给定的事件序列 $\sigma = \sigma_1 \sigma_2 \cdots \sigma_t \in \Sigma^*$，定义 $\delta(\sigma, q) = \delta(\sigma_t, \sigma(\cdots, \delta(\sigma_2, \delta(\sigma_1, q)) \cdots))$。

定义 5.1[114] (1) 可控事件集和不可控事件集 (Σ_c 和 Σ_u)。设 Σ 是事件集，可控事件集 Σ_c 和不可控事件集 Σ_u 是 Σ 的对立子集，即 $\Sigma_c \subset \Sigma$，$\Sigma_u \subset \Sigma$，且 $\Sigma_c \cup \Sigma_u = \Sigma$，$\Sigma_c \cap \Sigma_u = \varnothing$。

(2) 控制范式。用 $\Gamma = \{0, 1\}^{\Sigma_c}$ 表示可控事件集 Σ_c 上所有布尔函数构成的集合。称 Γ 上的任意一个函数 $\gamma \in \Gamma$ 为控制范式。对于任意的可控事件 $\sigma \in \Sigma_c$，$\gamma(\sigma) = 1$ 意味着控制范式 γ 允许事件 σ 发生，而 $\gamma(\sigma) = 0$ 则意味着控制范式 γ 不允许事件 σ 发生。如果对任意的不可控事件 $\sigma \in \Sigma_u$ 都有 $\gamma(\sigma) = 1$，那么 Σ 上的控制范式 γ 称为容许的 (admissible)。

(3) 控制范式的状态转移函数。对任意的可控事件 $\sigma \in \Sigma_c$ 和任意的状态 $q \in Q$，

控制范式 γ 的状态转移函数 δ_c 定义为

$$\delta_c(\gamma, \sigma, q) = \begin{cases} \delta(\sigma, q), & \delta(\sigma, q)! \text{且} \gamma(\sigma) = 1, \\ \text{无定义}, & \text{其他}, \end{cases} \tag{5.1}$$

其中, 符号 $\delta(\sigma, q)!$ 表示 $\delta(\sigma, q)$ 有定义。

(4) 受控有限自动机是五元组 $G_c = (\Gamma \times \Sigma, Q, \delta_c, q_0, Q^m)$, 其中, $\Gamma = \{0, 1\}^{\Sigma_c}$; Σ 是事件集; Q 是有限状态的集合; δ_c 是控制范式的状态转移函数; $q_0 \in Q$ 是初始状态; $Q^m \subset Q$ 是接受状态集合。

注 5.1　比较受控有限自动机的定义 5.1 和一般有限自动机的定义 3.1, 容易发现两者的不同之处, 在于受控有限自动机含有控制范式。$\gamma(\sigma) = 1$ 表示控制范式 γ 允许事件 σ 发生, 因此一般的有限自动机可以看作具有控制范式 $\gamma(\sigma) = 1$ 的受控有限自动机, 其中, $\gamma(\sigma) = 1$ 对事件集上的所有事件均成立。

下面考虑受控有限自动机的建模问题。

考虑受控有限自动机 $G = (\Sigma, Q, \delta, q_0, Q^m)$, $\Sigma = \{\sigma_1, \sigma_2, \cdots, \sigma_m\}$, $Q = \{q_1, q_2, \cdots, q_n\}$。为了将逻辑动态系统代数状态空间法引入受控有限自动机的有关问题研究中, 类似于第 3 章和第 4 章的处理方法, 将事件集 Σ 中的事件 σ_i 标识为 δ_m^i, 记作 $\sigma_i \sim \delta_m^i$, 并称 δ_m^i 为事件 σ_i 的向量形式, $i = 1, 2, \cdots, m$。因此, 事件集 Σ 可以表示为 Δ_m, 即 $\Sigma = \{\delta_m^1, \delta_m^2, \cdots, \delta_m^m\}$。类似地, 对应状态集 Q, 用 δ_n^i 标识状态 q_i, 记作 $q_i \sim \delta_n^i$, δ_n^i 称为状态 q_i 的向量形式, $i = 1, 2, \cdots, n$。那么状态集 Q 可以表示为 Δ_n, 即 $Q = \{\delta_n^1, \delta_n^2, \cdots, \delta_n^n\}$。在本章中, 这两种标识方法可以相互交换使用。因此, $q_i \in \delta(\sigma_j, q_k)$ 可以表示为 $\delta_n^i \in \delta(\delta_m^j, \delta_n^k)$。如果从状态转移函数推导出来的状态是 0_n, 例如, $\delta(\delta_m^i, \delta_n^j) = 0_n$, 这表示状态转移函数对状态 δ_n^j 和事件 δ_m^i 没有定义。

5.2.2　受控有限自动机的代数模型

有了以上准备工作, 受控有限自动机的动态行为可以表达为事件、状态、控制范式的代数方程。

定理 5.1　给定受控有限自动机 $G_c = (\Gamma \times \Sigma, Q, \delta_c, q_0, Q^m)$, 控制范式的状态转移函数可以表达为如下矩阵形式:

$$\delta_c(f(q_j), \sigma_i, q_j) = \Delta \left(F \ltimes \delta_m^j \ltimes \delta_n^i \ltimes f(q_j)(\sigma_i) \right) \tag{5.2}$$

或者

$$\delta_{\mathrm{c}}\left(f(q_j), \sigma_i, q_j\right) = \Delta\left(\tilde{F} \ltimes \delta_n^i \ltimes \delta_m^j \ltimes f(q_j)(\sigma_i)\right), \tag{5.3}$$

其中,

(1)$f(q_j)$ 是控制范式 f 在状态 q_j 处的值。

(2)$F = \begin{bmatrix} F_1 & F_2 & \cdots & F_m \end{bmatrix}$ 是受控有限自动机 G_{c} 的转移矩阵, 定义如下:

$$F_{i(s,t)} = \begin{cases} 1, & \delta_n^s \in f(\delta_n^t, \delta_m^i), \\ 0, & 其他. \end{cases} \tag{5.4}$$

(3)$\tilde{F} = F \ltimes W_{[n,m]}$。

(4)δ_m^i 和 δ_n^j 分别是事件 σ_i 和状态 q_j 的向量形式, $i=1,2,\cdots,m$, $j=1,2,\cdots,n$。

证明   如果状态反馈 $f(q_j)$(即控制范式在状态 q_j 处的值) 拒绝事件 σ_i 发生, 那么 $f(q_j)(\sigma_i)=0$。根据半张量积的一般性质, 即式 (2.4), 可得

$$r \ltimes A = A \ltimes r = rA. \tag{5.5}$$

因此, 式 (5.2) 的右端为 0, 这意味着该转移无定义。这与控制范式的定义, 即式 (5.1), 保持一致。

当控制范式 $f(q_j)$ 允许事件 σ_i 发生时, 只需要证明对应的一般自动机的状态转移函数为

$$\delta(\sigma_i, q_j) = \Delta(F \ltimes \delta_m^j \ltimes \delta_n^i) \tag{5.6}$$

或者

$$\delta(\sigma_i, q_j) = \Delta(F \ltimes \delta_n^j \ltimes \delta_m^i). \tag{5.7}$$

而由定理 3.3 中的式 (3.10) 和式 (3.11) 可得式 (5.6) 和式 (5.7)。定理得证。

进一步, 基于定理 5.1 可建立受控有限自动机在读取一串事件时的动态行为, 如推论 5.1 所示。

推论 5.1   考虑受控有限自动机 $G_{\mathrm{c}} = (\Gamma \times \Sigma, Q, \delta_{\mathrm{c}}, q_0, Q^m)$, 其中, $\Sigma = \{\sigma_1, \sigma_2, \cdots, \sigma_m\}$, $Q = \{q_1, q_2, \cdots, q_n\}$。$G_{\mathrm{c}}$ 在状态 $q_i(i = 1, 2, \cdots, n)$ 读入事件序列 $\sigma = \sigma_1 \sigma_2 \cdots \sigma_t \in \Sigma^*$ 后状态转移到下列状态集中, 即

$$Q_j = \Delta\left(\tilde{F}^t \ltimes \delta_n^i \ltimes u(t) \ltimes \prod_{j=0}^{t-1} r_j\right), \tag{5.8}$$

其中,

(1) $\tilde{F} = F \ltimes W_{[n,m]}$。

(2) $u(t) = \ltimes_{j=1}^{t}\delta_m^j = \delta_m^1 \ltimes \cdots \ltimes \delta_m^t$, δ_m^j 是事件 σ_j 的向量形式, $j=1,2,\cdots,t$。

(3) $r_j = f\left(\tilde{F}^j \ltimes \delta_n^i \ltimes u(j)\right)(\sigma_{j+1})$, $f \in \Gamma$, $u(j) = \ltimes_{k=1}^{j}\delta_m^k$, $\tilde{F}^0$ 和 $u(0)$ 定义为单位矩阵 I_n。

(4) δ_n^i 是状态 q_i 的向量形式, $i = 1,2,\cdots,n$。

证明   为了便于陈述, 先解释一下 r_j 的含义, $j = 0,1,\cdots,t-1$。

$f(\delta_n^i)(\sigma_1)$: 初始控制范式在事件 σ_1 处的取值。其中, δ_n^i 是初始状态。

$f(\tilde{F} \ltimes \delta_n^i \ltimes u(1))(\sigma_2)$: 控制范式在事件 σ_2 处的取值。其中, $\tilde{F} \ltimes \delta_n^i \ltimes u(1)$ 是受控有限自动机转移 1 次后的状态。

$f(\tilde{F}^2 \ltimes \delta_n^i \ltimes u(2))(\sigma_3)$: 控制范式在事件 σ_3 处的取值。其中, $\tilde{F}^2 \ltimes \delta_n^i \ltimes u(2)$ 是受控有限自动机转移 2 次后的状态。

类似地, $f(\tilde{F}^{t-1} \ltimes \delta_n^i \ltimes u(t-1))(\sigma_t)$ 表示控制范式在事件 σ_t 处的取值。其中, $\tilde{F}^{t-1} \ltimes \delta_n^i \ltimes u(t-1)$ 是受控有限自动机转移 $t-1$ 次后的状态。

先考虑由事件序列 $\sigma = \sigma_1\sigma_2\cdots\sigma_t$ 引起的转移无定义的情形。如果由事件 $\sigma_i(i=1,2,\cdots,m)$ 引起的任何一个转移都是无定义的, 如第 i 个, 或者如果任意一个控制范式拒绝对应的事件发生, 例如, 第 i 个控制范式不允许第 i 个事件发生, 那么都有 $r_i = 0$。因此, 式 (5.8) 的右端为 0, 这与控制范式的状态转移函数的定义式 (5.1) 一致。

当时间序列 $\sigma = \sigma_1\sigma_2\cdots\sigma_t$ 引起的转移有定义时, 只需证明 $\sigma = \sigma_1\sigma_2\cdots\sigma_t$ 使得对应的一般有限自动机的状态转移到下列状态集中, 即

$$Q_j = \Delta\left(\tilde{F}^t \ltimes \delta_n^i \ltimes u(t)\right). \tag{5.9}$$

事实上, 根据定义 $\delta(q,\sigma) = \delta(\sigma_t, \delta(\cdots, \delta(\sigma_2, \delta(\sigma_1, q))\cdots))$, 对于确定的有限自动机, 可得

$$\begin{aligned}
\delta(q_i,\sigma) &= \delta\left(\sigma_t, \delta\left(\cdots, \delta\left(\sigma_3, \delta\left(\sigma_2, \delta(\sigma_1, q_i)\right)\right)\cdots\right)\right)\\
&= \delta\left(\sigma_t, \delta\left(\cdots, \delta\left(\sigma_3, \delta(\sigma_2, \tilde{F} \ltimes \delta_n^i \ltimes \delta_m^1)\right)\cdots\right)\right)\\
&= \delta\left(\sigma_t, \delta\left(\cdots, \delta(\sigma_3, \tilde{F} \ltimes \tilde{F} \ltimes \delta_n^i \ltimes \delta_m^1 \ltimes \delta_m^2)\cdots\right)\right)
\end{aligned}$$

$$\vdots$$

$$= \underbrace{\tilde{F} \ltimes \cdots \ltimes \tilde{F}_t}_{t} \ltimes \delta_n^i \ltimes \delta_m^1 \ltimes \delta_m^2 \ltimes \cdots \ltimes \delta_m^t$$

$$= \tilde{F}^t \ltimes \delta_n^i \ltimes u(t)$$

$$= \Delta \left(\tilde{F}^t \ltimes \delta_n^i \ltimes u(t) \right).$$

对于不确定有限自动机，考虑其读取事件序列时也是按照逐个字符处理的方式，即其动态行为与确定有限自动机相似。因此，采用上述相似的推导方法可得

$$\delta(q_i, \sigma) = \delta \left(\sigma_t, \delta \left(\cdots, \delta \left(\sigma_2, \delta(\sigma_1, q_i) \right) \cdots \right) \right)$$

$$= \delta \left(\sigma_t, \delta \left(\cdots, \delta \left(\sigma_2, \Delta \left(\tilde{F} \ltimes \delta_n^i \ltimes \delta_m^1 \right) \right) \cdots \right) \right)$$

$$= \delta \left(\sigma_t, \cdots, \tilde{F} \ltimes \Delta (\tilde{F} \ltimes \delta_n^i \ltimes \delta_m^1) \ltimes \delta_m^2 \cdots \right)$$

$$\vdots$$

$$= \underbrace{\tilde{F} \ltimes \cdots \ltimes \tilde{F}}_{t-1} \ltimes \Delta (\tilde{F} \ltimes \delta_n^i \ltimes \delta_m^1) \ltimes \delta_m^2 \ltimes \cdots \ltimes \delta_m^t$$

$$= \tilde{F}^{t-1} \ltimes \Delta (\tilde{F} \ltimes \delta_n^i \ltimes \delta_m^1) \ltimes \delta_m^2 \ltimes \cdots \ltimes \delta_m^t$$

$$= \Delta (\tilde{F}^{t-1} \ltimes \tilde{F} \ltimes \delta_n^i \ltimes \delta_m^1 \ltimes \delta_m^2 \ltimes \cdots \ltimes \delta_m^t)$$

$$= \Delta \left(\tilde{F}^t \ltimes \delta_n^i \ltimes u(t) \right).$$

因此，结论成立。推论 5.1 证毕。

注 5.2 (1) 由推论 5.1 的证明可以看出，推论中的 "初始状态" 不仅是受控有限自动机 G_c 的初始状态 q_0，还可以为受控有限自动机 G_c 的任意状态。换言之，推论 5.1 描述了受控有限自动机任意两个状态之间的动态性。

(2) 传统的矩阵方法在研究受控有限自动机的动态行为时，必须对每个输入事件定义一个矩阵。基于逻辑动态系统代数状态空间法，可以用一个统一的方法来研究确定受控有限自动机和不确定受控有限自动机。事实上，$\prod\limits_{j=0}^{t-1} r_j$ 是一个常数，根据式 (5.5)，式 (5.8) 可以改写为

$$Q_j = \Delta \left(\tilde{F}^t \ltimes \delta_n^i \ltimes \prod_{j=0}^{t-1} r_j \ltimes u(t) \right), \tag{5.10}$$

将 $\tilde{F}^t \ltimes \delta_n^i \ltimes \prod\limits_{j=0}^{t-1} r_j$ 表示为 $R_{q_i}(t)$，从而 $R_{q_i}(t)$ 是关于给定状态 δ_n^i 和时间步 t 的常

数矩阵。从推论 5.1 的证明可以看出，$R_{q_i}(t)$ 包含了受控有限自动机未来 t 步的动态信息。因此，引入定义 5.2。

定义 5.2　称式 (5.8) 中的矩阵 $\tilde{F}^t \ltimes \delta_n^i \ltimes \prod_{j=0}^{t-1} r_j$ 为受控有限自动机 G_c 的关于状态 q_i 和长度为 t 的输入事件的状态转移矩阵，记作 $R_{q_i}(t)$，即 $R_{q_i}(t) = \tilde{F}^t \ltimes \delta_n^i \ltimes \prod_{j=0}^{t-1} r_j$。称 $\overline{R}_{q_i}(t)$ 为受控有限自动机 G_c 的关于状态 q_i 和长度为 t 的输入事件的纯状态转移矩阵，其中，$\overline{R}_{q_i}(t)$ 表示从 $R_{q_i}(t)$ 中删除为 0_n 的列之后的矩阵。

注 5.3　称 $\overline{R}_{q_i}(t)$ 为受控有限自动机 G_c 的纯状态转移矩阵，是因为 $\overline{R}_{q_i}(t)$ 不含有空状态 0_n。

5.3　受控有限自动机的可达性与可控性分析

对于受控有限自动机 $G_c = (\Gamma \times \Sigma, Q, \delta_c, q_0, Q^m)$，其可达性问题类似于一般有限自动机的可达性问题。研究受控有限自动机的可达性问题，即判断是否存在输入序列 $\sigma \in \Sigma^*$ 使得受控有限自动机 G_c 在控制范式 $\gamma \in \Gamma$ 下从初始状态转移到期望的目标状态至少一次。为了与一般自动机区分开来，本节用 δ 表示一般自动机 G 的状态转移函数，用 δ_c 表示受控有限自动机 G_c 的状态转移函数。不严格地说，受控有限自动机 G_c 是在一般自动机 G 上添加一个控制范式得到的。因此，在控制范式的意义下，G_c 和 δ_c 分别与 G 和 δ 对应。

接下来，考虑受控有限自动机的可达性条件。对于给定的受控有限自动机 $G_c = (\Gamma \times \Sigma, Q, \delta_c, q_0, Q^m)$，其中，$\Sigma = \{\sigma_1, \sigma_2, \cdots, \sigma_m\}$，$Q = \{q_1, q_2, \cdots, q_n\}$。如前所述，用 δ_m^i 和 δ_n^j 分别表示事件 σ_i 和状态 $q_j (i=1,2,\cdots,m; j=1,2,\cdots,n)$，并称前者为后者的向量形式。

采用类似于定理 3.4 的证明方法，可以得到如下关于受控有限自动机 G_c 的可达性条件。

定理 5.2　设 $R_{q_0}(t)$ 为受控有限自动机 $G_c = (\Gamma \times \Sigma, Q, \delta_c, q_0, Q^m)$ 关于初始状态 q_0 和长度为 t 的事件序列的状态转移矩阵。那么目标状态 $q^* = \delta_n^q$ 是从初始状态 $q_0 = \delta_n^p$ 经过 t 个事件可达的充分必要条件是存在 $\eta \in \mathrm{col}(R_{q_0}(t))$ 使得 $\delta_n^q \in \Delta(\eta)$。

证明 (必要性) 如果目标状态 $q^* = \delta_n^q$ 从初始状态 $q_0 = \delta_n^p$ 经由 t 个事件可达，设该事件为 $\sigma = \sigma_1 \sigma_2 \cdots \sigma_t \in \Sigma^*$，那么，根据推论 5.1，可知

$$q^* = \delta_n^q \in \Delta\left(R_{q_0}(t) \ltimes u(t)\right).$$

令 $\eta = R_{q_0}(t) \ltimes u(t)$，即得到必要性。

(充分性) 条件 $\delta_n^q \in \Delta(\eta)$，$\eta \in \mathrm{col}(R_{q_0}(t))$ 蕴含了 $\prod\limits_{j=0}^{t-1} r_j \neq 0$，这表明从状态 q_0 到状态 q^* 的所有转移都有定义。

另外，$R_{q_0}(t)$ 中的元素都是 0 或 1。如果存在 $\eta \in \mathrm{col}(R_{q_0}(t))$，如 $\eta = \mathrm{col}_k(R_{q_0}(t))$，那么 $u(t) = \delta_{m^t}^k$ 是方程 $R_{q_0}(t) \ltimes x = \eta$ 的解。

由向量的半张量积运算性质可知，$u(t) = \delta_{m^t}^k$ 可以看作 t 个向量的半张量积，例如，$\sigma_1, \sigma_2, \cdots, \sigma_t$。因此，将这 t 个向量看作 t 个事件的向量形式，即 δ_m^j 是事件 σ_j 的向量形式，$j = 1, 2, \cdots, t$。因此，即可将 $u(t)$ 写成 $u(t) = \delta_m^1 \ltimes \delta_m^2 \ltimes \cdots \ltimes \delta_m^t$。

比较方程 $R_{q_0}(t) \ltimes x = \eta$ 与式 (5.8) 可知 $\eta \in Q_j$。由定理条件 $\delta_n^q \in \Delta(\eta)$ 可知，$\sigma = \sigma_1 \sigma_2 \cdots \sigma_t$ 是受控有限自动机 G_c 从初始状态 $q_0 = \delta_n^p$ 达到目标状态 $q^* = \delta_n^q$ 的一个事件序列。

因此，由文献 [5] 可知，通过解关于 σ_i 为未知变量的方程 $\ltimes_{i=1}^t \sigma_i = \delta_{m^t}^k$，可得到每个输入事件 σ_i。

如果考虑的受控有限自动机 G_c 是确定的，那么由 $u(t) = \delta_{m^t}^k$ 所确定的从 $q_0 = \delta_n^p$ 到 $q^* = \delta_n^q$ 的事件序列是唯一的 (因为 $\delta_n^q \in \Delta(\eta)$ 且 $\Delta(\eta) = \eta$)。如果考虑的受控有限自动机是不确定的，那么从 $q_0 = \delta_n^p$ 到 $q^* = \delta_n^q$ 的事件序列不一定唯一，因为 $\Delta(\eta)$ 可能包含多个元素，每个元素对应一个事件序列。因此，充分性得证。定理 5.2 证毕。

类似于普通有限自动机的可控性推论 3.1~推论 3.3，基于定理 5.2 可以得到以下关于受控有限自动机可达性的推论。

推论 5.2 设 $R_{q_0}(t)$ 为受控有限自动机 $G_c = (\Gamma \times \Sigma, Q, \delta_c, q_0, Q^m)$ 关于初始状态 q_0 和长度为 t 的事件序列的状态转移矩阵。那么使 G_c 从初始状态 $q_0 = \delta_n^p$ 经过 t 步转移到目标状态 $q^* = \delta_n^q$ 的事件序列的个数为矩阵 $\Omega(R_{q_0}(t))$ 中列为 δ_n^q 的个数。

推论 5.3 对于推论 5.2 中的受控有限自动机 G_c，记 $n(q_0, q^*, t)$ 为矩阵

$\Omega(R_{q_0}(t))$ 中列为 δ_n^q 的个数。那么，目标状态 $q^* = \delta_n^q$ 经过 t 步转移由初始状态 $q_0 = \delta_n^p$ 可达的充分必要条件是 $n(q_0, q^*, t) \geqslant 1$。

注 5.4　由注 5.2 可知，推论 5.2 和推论 5.3 的结果也可以推广为 "任意状态 q_j 经过 t 步转移由另外任一状态 q_i 可达的充分必要条件是 $n(q_i, q_j, t) \geqslant 1$"。因此，从状态 q_i 经由 t 个事件的可达集为 $R(q_i) = \{\delta_n^i | n(q_i, q_j, t) \geqslant 1, i = 1, 2, \cdots, n\}$。

下列算法可以设计出受控有限自动机任意两个可达状态之间的所有事件序列。

算法 5.1　设给定受控有限自动机 $G_c = (\Gamma \times \Sigma, Q, \delta_c, q_0, Q^m)$，对应的普通有限自动机 G 的转移结构矩阵为 F，其中 $\Sigma = \{\sigma_1, \sigma_2, \cdots, \sigma_m\}$，$Q = \{q_1, q_2, \cdots, q_n\}$。分别将事件 σ_i 和状态 q_j 标识为 δ_m^i 和 δ_n^j。为设计出对应于任意两个可达状态 q_i 和 q_j 的所有长度为 t 的事件序列，可采用以下步骤。

步骤 1　计算并检查 $\pi = \prod\limits_{j=0}^{t-1} r_j$ 是否为 1。如果不为 1，则 q^* 不可达，算法结束；否则，转步骤 2。

步骤 2　计算矩阵 $R_{q_0}(t) = \tilde{F}^t \ltimes \delta_n^p \ltimes \prod\limits_{j=0}^{t-1} r_j$。

步骤 3　检查是否存在 $i \in \{1, 2, \cdots, m^t\}$ 使得 $\delta_n^q \in \Delta(\mathrm{col}_i(R_{q_0}(t)))$。若不存在，则没有期望的事件序列，算法结束；否则，令

$$K = \{i | \delta_n^q = \mathrm{col}_i(M), M \in M'(x^0, t)\},$$

其中，$M'(x^0, t)$ 如算法 3.2 所述。

步骤 4　对 K 的每一元素 $l \in K$，令 $\ltimes_{i=1}^t \delta_m^i = \delta_{m^t}^l$ 和

$$\begin{cases} S_{1,m}^{2t} = I_m \otimes 1_{m^{2t-1}}, \\ S_{2,m}^{2t} = [\underbrace{I_m \otimes 1_{m^{2t-2}} \cdots I_m \otimes 1_{m^{2t-2}}}_{m}], \\ \quad\quad\vdots \\ S_{2t-1,m}^{2t} = [\underbrace{I_m \otimes 1_m \cdots I_m \otimes 1_m}_{m^{2t-2}}], \\ S_{2t,m}^{2t} = [\underbrace{I_m \cdots I_m}_{m^{2t-1}}]. \end{cases}$$

由计算可得

$$\sigma_j \sim \delta_m^j = S_{j,m}^t \ltimes \delta_{m^t}^l, \quad j = 1, 2, \cdots, t. \tag{5.11}$$

式 (5.11) 所得的 $(\sigma_1, \sigma_2, \cdots, \sigma_t)$ 即对应于 l 的一个长度为 t 的事件序列 $P_l = e_1 e_2 \cdots e_t$。

步骤 5 重复步骤 4，直到 K 中的所有元素都执行一次，即可得到所有长度为 t 的事件序列。

注 5.5 本节所得结论包括定理 5.1、定理 5.2、推论 5.1~ 推论 5.3 和算法 5.1，如果从这些结论中移除控制项 $f(q_i)(\sigma_j)$ 或 $\prod\limits_{j=0}^{t-1} r_j$，那么所得到的结论也可用于分析一般有限自动机的对应问题，如可达性与可控性等 (比较第 3 章与第 5 章的有关定理)。这正是一般有限自动机与受控有限自动机的区别之处。

5.4 受控有限自动机验证实例

本节将本章所得的结果应用于一个生产系统的受控有限自动机模型，用来检验所得结果的正确性。

考虑如图 5.1 所示的生成系统，该系统由两组机器 $M_1, M_2, \cdots, M_m$ 和 N_1，$N_2, \cdots, N_n$，以及中转站 B 组成。机器 M_i $(i=1, 2, \cdots, m)$ 负责生产工件，N_i $(i=1, 2, \cdots, n)$ 使用这些工件。系统的受控有限自动机模型 G_c 如图 5.2 所示，其中，

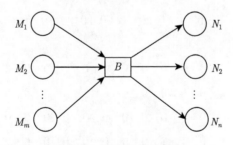

图 5.1 生产系统示意图

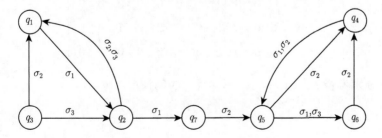

图 5.2 生产系统的受控有限自动机模型

状态集为 $Q = \{q_1, q_2, q_3, q_4, q_5, q_6, q_7\}$，事件集为 $\Sigma = \{\sigma_1, \sigma_2, \sigma_3\}$，可控事件集为 $\Sigma_c = \{\sigma_1, \sigma_3\}$，不可控事件集为 $\Sigma_u = \{\sigma_2\}$，控制范式定义为

$$f(q_1)(\sigma_i) = 1(i = 1, 2, 3);$$
$$f(q_2)(\sigma_i) = 1(i = 1, 2), \qquad f(q_2)(\sigma_3) = 0;$$
$$f(q_3)(\sigma_i) = 1(i = 2, 3), \qquad f(q_3)(\sigma_1) = 0;$$
$$f(q_4)(\sigma_i) = 0(i = 1, 3), \qquad f(q_4)(\sigma_2) = 1;$$
$$f(q_5)(\sigma_i) = 1(i = 2, 3), \qquad f(q_5)(\sigma_1) = 0;$$
$$f(q_6)(\sigma_i) = 0(i = 1, 3), \qquad f(q_6)(\sigma_2) = 1;$$
$$f(q_7)(\sigma_i) = 0(i = 1, 3), \qquad f(q_7)(\sigma_2) = 1.$$

受控有限自动机 G_c 的转移结构矩阵为

$$F = \begin{bmatrix} 0 & 0 & 0 & 0 & 0 & 0 & 0 & 0 & 1 & 1 \\ 1 & 0 & 0 & 0 & 0 & 0 & 0 & 0 & 0 & 0 \\ 0 & 0 & 0 & 0 & 0 & 0 & 0 & 0 & 0 & 0 \\ 0 & 0 & 0 & 0 & 0 & 0 & 0 & 0 & 0 & 0 \\ 0 & 0 & 0 & 1 & 0 & 0 & 0 & 0 & 0 & 0 \\ 0 & 0 & 0 & 0 & 1 & 0 & 0 & 0 & 0 & 0 \\ 0 & 1 & 0 & 0 & 0 & 0 & 0 & 0 & 0 & 0 \end{bmatrix}$$

$$\begin{bmatrix} 0 & 0 & 0 & 0 & 0 & 1 & 0 & 0 & 0 & 0 & 0 \\ 0 & 0 & 0 & 0 & 0 & 0 & 1 & 0 & 0 & 0 & 0 \\ 0 & 0 & 0 & 0 & 0 & 0 & 0 & 0 & 0 & 0 & 0 \\ 0 & 1 & 1 & 0 & 0 & 0 & 0 & 0 & 0 & 0 & 0 \\ 1 & 0 & 0 & 1 & 0 & 0 & 0 & 0 & 0 & 0 & 0 \\ 0 & 0 & 0 & 0 & 0 & 0 & 0 & 1 & 0 & 0 & 0 \\ 0 & 0 & 0 & 0 & 0 & 0 & 0 & 0 & 0 & 0 & 0 \end{bmatrix}$$

下面分别考查 $t = 2$、$t = 3$、$t = 4$、$t = 5$ 的情况。

1. $t = 2$

当 $t = 2$ 时，根据推论 5.1，可计算出 G_c 的状态转移矩阵 $R_{q_1}(2)$ 和纯状态转

移矩阵 $\overline{R}_{q_1}(2)$ 分别为

$$R_{q_1}(2) = \begin{bmatrix} 0 & 1 & 0 & 0 & 0 & 0 & 0 & 0 & 0 & 0 \\ 0 & 0 & 0 & 0 & 0 & 0 & 0 & 0 & 0 & 0 \\ 0 & 0 & 0 & 0 & 0 & 0 & 0 & 0 & 0 & 0 \\ 0 & 0 & 0 & 0 & 0 & 0 & 0 & 0 & 0 & 0 \\ 0 & 0 & 0 & 0 & 0 & 0 & 0 & 0 & 0 & 0 \\ 0 & 0 & 0 & 0 & 0 & 0 & 0 & 0 & 0 & 0 \\ 1 & 0 & 0 & 0 & 0 & 0 & 0 & 0 & 0 & 0 \end{bmatrix}$$

$$= \delta_7[7,1,0,0,0,0,0,0,0,0]$$

和

$$\overline{R}_{q_1}(2) = \begin{bmatrix} 0 & 1 \\ 0 & 0 \\ 0 & 0 \\ 0 & 0 \\ 0 & 0 \\ 0 & 0 \\ 1 & 0 \end{bmatrix}$$

$$= \delta_7[7,1].$$

根据定理 5.2，状态 δ_7^1 和 δ_7^7（即状态 q_1 和 q_7）在长度为 2 的事件驱动下可从状态 δ_7^7（即状态 q_1）到达。另外，由推论 5.2 容易知道，这两个状态均只能到达 1 次。

根据算法 5.1，假设状态 δ_7^1 是目标状态，那么 $K = \{2\}$。因此，在算法步骤 4 中，$l = 2$。令 $\delta_3^{i_1} \ltimes \delta_3^{i_2} = \delta_9^2$，从而有

$$e_1 \sim \delta_3^{i_1} = S_{1,3}^2 \ltimes \delta_9^2 = \delta_3^1,$$

$$e_2 \sim \delta_3^{i_2} = S_{2,3}^2 \ltimes \delta_9^2 = \delta_3^2.$$

这就是说对应的事件序列为 $\sigma = \sigma_1\sigma_2$。因此，从状态 q_1 到状态 q_1 长度为 2 的事件路径为 $q_1 \xrightarrow{\sigma_1} q_2 \xrightarrow{\sigma_2} q_1$。

如果设状态 δ_7^7 是目标状态，那么 $K = \{1\}$，因此 $l = 1$。令 $\delta_3^{i_1} \ltimes \delta_3^{i_2} = \delta_9^1$，从而可得

$$e_1 \sim \delta_3^{i_1} = S_{1,3}^2 \ltimes \delta_9^1 = \delta_3^1,$$

$$e_2 \sim \delta_3^{i_2} = S_{2,3}^2 \ltimes \delta_9^1 = \delta_3^1.$$

因此，对应的事件序列为 $\sigma = \sigma_1 \sigma_1$，从状态 q_1 到状态 q_7 长度为 2 的事件路径为 $q_1 \xrightarrow{\sigma_1} q_2 \xrightarrow{\sigma_1} q_7$。

2. $t = 3$

当 $t = 3$ 时，由推论 5.1 可知，此时 G_c 的状态转移矩阵 $R_{q_1}(3)$ 和纯状态转移矩阵 $\overline{R}_{q_1}(3)$ 分别为

$$
R_{q_1}(3) = \begin{bmatrix}
0 & 0 & 0 & 0 & 0 & \cdots & 0 \\
0 & 0 & 0 & 1 & 0 & \cdots & 0 \\
0 & 0 & 0 & 0 & 0 & \cdots & 0 \\
0 & 0 & 0 & 0 & 0 & \cdots & 0 \\
0 & 1 & 0 & 0 & 0 & \cdots & 0 \\
0 & 0 & 0 & 0 & 0 & \cdots & 0 \\
0 & 0 & 0 & 0 & 0 & \cdots & 0
\end{bmatrix}_{7 \times 27}
$$
$$= \delta_7[0, 5, 0, 2, 0, \cdots, 0],$$

$$\overline{R}_{q_1}(3) = \delta_7[5, 2].$$

因此，由定理 5.2 可知，状态 δ_7^2 和 δ_7^5 在长度为 3 的事件驱动下可从状态 δ_7^1 到达。另外，由推论 5.2 可知，这两个状态均只能到达 1 次。

假设状态 δ_7^5 是目标状态，那么在算法 5.1 的步骤 4 中 $K = \{2\}$，因此，$l = 2$。令 $\delta_3^{i_1} \ltimes \delta_3^{i_2} \ltimes \delta_3^{i_3} = \delta_{27}^2$，从而有

$$e_1 \sim \delta_3^{i_1} = S_{1,3}^3 \ltimes \delta_{27}^2 = \delta_3^1,$$

$$e_2 \sim \delta_3^{i_2} = S_{2,3}^3 \ltimes \delta_{27}^2 = \delta_3^1,$$

$$e_3 \sim \delta_3^{i_3} = S_{3,3}^3 \ltimes \delta_{27}^2 = \delta_3^2.$$

这表明事件序列为 $\sigma = \sigma_1\sigma_1\sigma_2$。因此，从状态 q_1 到状态 q_5 长度为 3 的事件路径为 $q_1 \xrightarrow{\sigma_1} q_2 \xrightarrow{\sigma_1} q_7 \xrightarrow{\sigma_2} q_5$。

如果设状态 δ_7^2 是目标状态，那么 $K = \{4\}$。对于 $l = 4$，令 $\delta_3^{i_1} \ltimes \delta_3^{i_2} \ltimes \delta_3^{i_3} = \delta_{27}^4$，可得

$$e_1 \sim \delta_3^{i_1} = S_{1,3}^3 \ltimes \delta_{27}^4 = \delta_3^1,$$

$$e_2 \sim \delta_3^{i_2} = S_{2,3}^3 \ltimes \delta_{27}^4 = \delta_3^2,$$

$$e_3 \sim \delta_3^{i_3} = S_{3,3}^3 \ltimes \delta_{27}^4 = \delta_3^1.$$

因此，事件序列为 $\sigma = \sigma_1\sigma_2\sigma_1$，对应长度为 3 的事件路径为 $q_1 \xrightarrow{\sigma_1} q_2 \xrightarrow{\sigma_2} q_1 \xrightarrow{\sigma_1} q_2$。

3. $t = 4$

$t = 4$ 时的分析过程与 $t = 2$、$t = 3$ 时的分析过程相似，这里不再叙述。

4. $t = 5$

当 $t = 5$ 时，受控有限自动机的状态转移矩阵 $R_{q_1}(5)$ 和纯状态转移矩阵 $\overline{R}_{q_1}(5)$ 分别为

$$R_{q_1}(5) = \delta_7[\underbrace{0 \quad \cdots \quad 0}_{12} \ 5 \ 0 \ 0 \ 0 \ 4 \ \underbrace{0 \quad \cdots \quad 0}_{11} \ 5 \ 0 \ 2 \ 0 \ \cdots \ 0],$$

$$\overline{R}_{q_1}(5) = \delta_7[5, 4, 5, 2].$$

由此可知，状态 δ_7^2 和 δ_7^4 可分别到达 1 次，状态 δ_7^5 可到达 2 次。

设状态 δ_7^5 是目标状态，那么在算法 5.1 的步骤 4 中 $K = \{13, 29\}$。对于 $l = 13$，令 $\delta_3^{i_1} \ltimes \delta_3^{i_2} \ltimes \delta_3^{i_3} \ltimes \delta_3^{i_4} \ltimes \delta_3^{i_5} = \delta_{3^5}^{13}$，从而有

$$e_1 \sim \delta_3^{i_1} = S_{1,5}^5 \ltimes \delta_{27}^{13} = \delta_3^1,$$

$$e_2 \sim \delta_3^{i_2} = S_{2,5}^5 \ltimes \delta_{27}^{13} = \delta_3^2,$$

$$e_3 \sim \delta_3^{i_3} = S_{3,5}^5 \ltimes \delta_{27}^{13} = \delta_3^1,$$

$$e_4 \sim \delta_3^{i_4} = S_{4,5}^5 \ltimes \delta_{27}^{13} = \delta_3^1,$$

$$e_5 \sim \delta_3^{i_5} = S_{5,5}^5 \ltimes \delta_{27}^{13} = \delta_3^2.$$

因此, 输入事件序列为 $\sigma = \sigma_1\sigma_2\sigma_1\sigma_1\sigma_2$。对应的从状态 q_1 到状态 q_5 长度为 5 的事件路径为 $q_1 \xrightarrow{\sigma_1} q_2 \xrightarrow{\sigma_2} q_1 \xrightarrow{\sigma_1} q_2 \xrightarrow{\sigma_1} q_7 \xrightarrow{\sigma_2} q_5$。

对于 $l = 29$, 令 $\delta_3^{i_1} \ltimes \delta_3^{i_2} \ltimes \delta_3^{i_3} \ltimes \delta_3^{i_4} \ltimes \delta_3^{i_5} = \delta_{3^5}^{29}$, 从而有

$$e_1 \sim \delta_3^{i_1} = S_{1,5}^5 \ltimes \delta_{27}^{29} = \delta_3^1,$$

$$e_2 \sim \delta_3^{i_2} = S_{2,5}^5 \ltimes \delta_{27}^{29} = \delta_3^1,$$

$$e_3 \sim \delta_3^{i_3} = S_{3,5}^5 \ltimes \delta_{27}^{29} = \delta_3^2,$$

$$e_4 \sim \delta_3^{i_4} = S_{4,5}^5 \ltimes \delta_{27}^{29} = \delta_3^2,$$

$$e_5 \sim \delta_3^{i_5} = S_{5,5}^5 \ltimes \delta_{27}^{29} = \delta_3^2.$$

因此, 输入事件序列为 $\sigma = \sigma_1\sigma_1\sigma_2\sigma_2\sigma_2$, 第二条从状态 q_1 到状态 q_5 长度为 5 的事件路径为 $q_1 \xrightarrow{\sigma_1} q_2 \xrightarrow{\sigma_1} q_7 \xrightarrow{\sigma_2} q_5 \xrightarrow{\sigma_2} q_4 \xrightarrow{\sigma_2} q_5$。

将状态 δ_7^2 和 δ_7^4 看作目标状态, 采用上述相似的方法, 可得到下列输入事件序列和对应的事件路径:

$$\sigma = \sigma_1\sigma_2\sigma_1\sigma_2\sigma_1, \quad q_1 \xrightarrow{\sigma_1} q_2 \xrightarrow{\sigma_2} q_1 \xrightarrow{\sigma_1} q_2 \xrightarrow{\sigma_2} q_1 \xrightarrow{\sigma_1} q_2,$$

$$\sigma = \sigma_1\sigma_1\sigma_2\sigma_3\sigma_2, \quad q_1 \xrightarrow{\sigma_1} q_2 \xrightarrow{\sigma_1} q_7 \xrightarrow{\sigma_2} q_5 \xrightarrow{\sigma_3} q_6 \xrightarrow{\sigma_2} q_4.$$

注 5.6　当不考虑控制范式 $f(q_i)(\sigma_j)(i = 1, 2, \cdots, 7; j=1, 2, 3)$ 时, 上述可达性的结果就会产生变化。以 $t = 5$ 为例, 此时纯状态转移矩阵为 $\overline{R}_{q_1}(5) = \delta_7[4, 5, 5, 4, 5, 2, 2, 5, 2, 2]$, 由定理 5.2 和推论 5.2 可知, 状态 δ_7^4 可到达 2 次, 状态 δ_7^5 和 δ_7^2 可到达 4 次。利用算法 5.1, 可得到下列事件序列和事件路径。

事件序列 1 和事件路径 1:

$$\sigma = \sigma_1\sigma_1\sigma_2\sigma_1\sigma_2, \quad q_1 \xrightarrow{\sigma_1} q_2 \xrightarrow{\sigma_1} q_7 \xrightarrow{\sigma_2} q_5 \xrightarrow{\sigma_1} q_6 \xrightarrow{\sigma_2} q_4.$$

事件序列 2 和事件路径 2:

$$\sigma = \sigma_1\sigma_1\sigma_2\sigma_3\sigma_2, \quad q_1 \xrightarrow{\sigma_1} q_2 \xrightarrow{\sigma_1} q_7 \xrightarrow{\sigma_2} q_5 \xrightarrow{\sigma_3} q_6 \xrightarrow{\sigma_2} q_4.$$

事件序列 3 和事件路径 3:

$$\sigma = \sigma_1\sigma_1\sigma_2\sigma_2\sigma_1, \quad q_1 \xrightarrow{\sigma_1} q_2 \xrightarrow{\sigma_1} q_7 \xrightarrow{\sigma_2} q_5 \xrightarrow{\sigma_2} q_4 \xrightarrow{\sigma_1} q_5.$$

事件序列 4 和事件路径 4:

$$\sigma = \sigma_1\sigma_1\sigma_2\sigma_2\sigma_2, \quad q_1 \xrightarrow{\sigma_1} q_2 \xrightarrow{\sigma_1} q_7 \xrightarrow{\sigma_2} q_5 \xrightarrow{\sigma_2} q_4 \xrightarrow{\sigma_2} q_5.$$

事件序列 5 和事件路径 5:

$$\sigma = \sigma_1\sigma_2\sigma_1\sigma_1\sigma_2, \quad q_1 \xrightarrow{\sigma_1} q_2 \xrightarrow{\sigma_2} q_1 \xrightarrow{\sigma_1} q_2 \xrightarrow{\sigma_1} q_7 \xrightarrow{\sigma_2} q_5.$$

事件序列 6 和事件路径 6:

$$\sigma = \sigma_1\sigma_3\sigma_1\sigma_1\sigma_2, \quad q_1 \xrightarrow{\sigma_1} q_2 \xrightarrow{\sigma_3} q_1 \xrightarrow{\sigma_1} q_2 \xrightarrow{\sigma_1} q_7 \xrightarrow{\sigma_2} q_5.$$

事件序列 7 和事件路径 7:

$$\sigma = \sigma_1\sigma_2\sigma_1\sigma_2\sigma_1, \quad q_1 \xrightarrow{\sigma_1} q_2 \xrightarrow{\sigma_2} q_1 \xrightarrow{\sigma_1} q_2 \xrightarrow{\sigma_2} q_1 \xrightarrow{\sigma_1} q_2.$$

事件序列 8 和事件路径 8:

$$\sigma = \sigma_1\sigma_2\sigma_1\sigma_3\sigma_1, \quad q_1 \xrightarrow{\sigma_1} q_2 \xrightarrow{\sigma_2} q_1 \xrightarrow{\sigma_1} q_2 \xrightarrow{\sigma_3} q_1 \xrightarrow{\sigma_1} q_2.$$

事件序列 9 和事件路径 9:

$$\sigma = \sigma_1\sigma_3\sigma_1\sigma_2\sigma_1, \quad q_1 \xrightarrow{\sigma_1} q_2 \xrightarrow{\sigma_3} q_1 \xrightarrow{\sigma_1} q_2 \xrightarrow{\sigma_2} q_1 \xrightarrow{\sigma_1} q_2.$$

事件序列 10 和事件路径 10:

$$\sigma = \sigma_1\sigma_3\sigma_1\sigma_3\sigma_1, \quad q_1 \xrightarrow{\sigma_1} q_2 \xrightarrow{\sigma_3} q_1 \xrightarrow{\sigma_1} q_2 \xrightarrow{\sigma_3} q_1 \xrightarrow{\sigma_1} q_2.$$

在上述的事件序列和事件路径中，控制范式 $f(q_2)(\sigma_3) = 0$，因此事件路径 6、8、9、10 是被禁止的。控制范式 $f(q_5)(\sigma_1) = 0$ 禁止了事件路径 1，控制范式 $f(q_4)(\sigma_1) = 0$ 禁止了事件路径 3，剩下的事件序列和事件路径恰好是考虑控制范式时的结果。这也说明了普通有限自动机与受控有限自动机的不同之处在于控制范式。

5.5 本 章 小 结

离散事件动态系统是一类典型的逻辑动态系统，这类系统的演化过程是由一组遵循人为规则的离散事件所决定的，且这些事件具有异步和突发的特点。系统通常只有有限个状态, 对应于系统组成部件的状态, 如正常与故障、工作与空闲、等待处理工件的个数等。因此, 对离散事件动态系统行为的建模首先关心的是其逻辑行为, 这可由系统在演化过程中的状态序列和事件序列来描述。而系统的功能表现为允许或者拒绝具有某些特征的事件发生或者状态转移, 用有限自动机/形式语言模型可对这种逻辑动态行为进行研究。

利用逻辑动态系统代数状态空间法, 本章介绍了离散事件动态系统的被控对象 (受控有限自动机) 的建模问题, 将受控有限自动机的动态行为表达为状态、事件和控制范式的代数形式。基于这种代数模型, 讨论了受控有限自动机的可达性问题, 提出了关于任何两个状态是否可达的充分必要条件。该充分必要条件也提供了建立能够设计出所有事件控制序列 (也称可达序列) 的算法。这些结论可以看成一般有限自动机相应结论的扩展。

第6章　Type-2 模糊逻辑关系方程的求解

6.1　引　　言

模糊系统理论是在对一般系统理论推广的基础上产生的，以模糊集合的概念表征系统内部的模糊性和不确定性，并能有效处理这些模糊信息的一种系统理论。模糊系统理论主要由模糊集合理论、模糊逻辑 (及模糊逻辑系统)、模糊推理和模糊控制等方面的内容构成。

模糊关系是模糊逻辑与模糊推理中的概念，在模糊控制中有重要的应用。模糊控制器本质上就是一种模糊关系。在模糊逻辑系统及模糊推理中，经常要遇到由观察到的模糊现象及现有的知识，来分析引起这种现象的原因；或者其逆问题，即已知某两种现象的关系及存在的原因，要求分析可能会引起的后果，即预测问题，如疾病诊断模糊系统等。上述这两类问题，用数学语言来描述，都是解模糊逻辑关系方程的问题。

模糊逻辑关系方程包括 Type-1 模糊逻辑关系方程和 Type-2 模糊逻辑关系方程。对应的数学基础知识分别是模糊集合 (即 Type-1 模糊集合) 和 Type-2 模糊集合。目前对前者研究得较多，理论结果也比较丰富。关于求解 Type-1 模糊逻辑关系方程的问题，在程代展利用逻辑动态系统代数状态空间法来求解 Type-1 模糊逻辑关系方程之前，还没有方法能够找到该方程的所有解，只是求得某些特殊的解，如最大解、最小解等 [115]。

利用逻辑动态系统代数状态空间法求解模糊逻辑关系方程的优越性主要在于，能够将逻辑方程表示为代数方程，从而就可借助求解代数方程的经典方法来求解逻辑方程。正是基于这样的优势，逻辑动态系统代数状态空间法才能求得模糊逻辑关系方程的所有解。这在求解模糊逻辑关系方程的问题上是一种近乎完美的解决手段 [59]。

正如 Type-2 模糊集合是 Type-1 模糊集合的推广一样，Type-2 模糊逻辑关系方程是 Type-1 模糊逻辑关系方程的推广，具有更强的处理模糊信息的能力，在 Type-2 模糊逻辑系统及 Type-2 模糊控制器的设计方面有重要应用。事实上，Type-2 模糊控制器就是一类 Type-2 模糊关系。模糊逻辑关系方程的求解对这类控制器的设计非常有利，因为方程的解提供了控制器的内部信息，从而可以对控制器进行优化设计。由于之前对一般模糊逻辑关系方程的求解没有得到很好的解决，现有文献关于解这种方程的研究并不多见。

本章基于 Type-1 模糊逻辑关系方程的代数求法，利用逻辑动态系统代数状态空间法，将这种代数求法推广到求解 Type-2 模糊逻辑关系方程的问题上。另外，建立两种求解这类模糊逻辑关系方程的算法，一类是在理论上可以找到一般 Type-2 模糊逻辑关系方程的所有解，但计算复杂度较高。考虑到在对实际问题建模时并不是信息越模糊越好，提出对称值 Type-2 模糊逻辑关系方程，并建立求解这种方程的算法。该算法的计算复杂度相对较小，便于实际应用。

6.2   Type-2 模糊关系及 Type-2 模糊逻辑关系方程

本节介绍有关 Type-2 模糊关系与 Type-2 模糊逻辑关系方程的相关知识，包括：如何从 Type-1 模糊关系推广到 Type-2 模糊关系，即两者之间的联系与区别；Type-2 模糊关系的合成及运算，这是理解 Type-2 模糊逻辑关系方程的前提，也是求解 Type-2 模糊逻辑关系方程的基础；Type-2 模糊逻辑关系方程的有关概念。

6.2.1   Type-1 模糊关系到 Type-2 模糊关系的推广

本节首先回顾如何从 Type-1 模糊关系推广到 Type-2 模糊关系。基于此，首先提出对称值 Type-2 模糊关系模型的概念。然后，概括 Type-1 模糊关系和 Type-2 模糊关系的合成运算，以及这些合成运算的一些有用性质。最后，将两种常用的模糊逻辑关系方程进行统一化处理，提出它们的统一形式。

本章主要考虑有限域上的 Type-1 模糊关系和 Type-2 模糊关系。特别地，给定集合 $U=\{u_1, u_2, \cdots, u_m\}$, $V=\{v_1, v_2, \cdots, v_n\}$, $W=\{w_1, w_2, \cdots, w_s\}$。设 $\mathcal{F}(U \times V)$ 表示乘积空间 $U \times V$ 上所有 Type-1 模糊集合构成的集合，$\tilde{\mathcal{F}}(U \times V)$ 表示乘积空间 $U \times V$ 上所有 Type-2 模糊集合构成的集合。

$U \times V$ 上的 Type-1 模糊关系是 $U \times V$ 上的一个 Type-1 模糊子集，$U \times V$ 上的

Type-2 模糊关系是 $U \times V$ 上的一个 Type-2 模糊子集。Type-1 模糊关系和 Type-2 模糊关系分别用矩阵形式表示为

$$R = \begin{bmatrix} \mu_R(u_1, v_1) & \mu_R(u_1, v_2) & \cdots & \mu_R(u_1, v_n) \\ \mu_R(u_2, v_1) & \mu_R(u_2, v_2) & \cdots & \mu_R(u_2, v_n) \\ \vdots & \vdots & & \vdots \\ \mu_R(u_m, v_1) & \mu_R(u_m, v_2) & \cdots & \mu_R(u_m, v_n) \end{bmatrix}$$

和

$$\tilde{R} = \begin{bmatrix} \mu_{\tilde{R}}(u_1, v_1) & \mu_{\tilde{R}}(u_1, v_2) & \cdots & \mu_{\tilde{R}}(u_1, v_n) \\ \mu_{\tilde{R}}(u_2, v_1) & \mu_{\tilde{R}}(u_2, v_2) & \cdots & \mu_{\tilde{R}}(u_2, v_n) \\ \vdots & \vdots & & \vdots \\ \mu_{\tilde{R}}(u_m, v_1) & \mu_{\tilde{R}}(u_m, v_2) & \cdots & \mu_{\tilde{R}}(u_m, v_n) \end{bmatrix}, \tag{6.1}$$

其中，$\mu_R(u_i, v_j)$ 是区间 $[0,1]$ 上的清晰数；$\mu_{\tilde{R}}(u_i, v_j)$ 是区间 $[0,1]$ 上的模糊数 (模糊数也是一个模糊集合)。

正如从 Type-1 模糊集合到 Type-2 模糊集合的推广，可以通过对 Type-1 模糊关系添加一些额外的不确定信息而得到 Type-2 模糊关系，如例 6.1 所示。

例 6.1 考虑 Type-1 模糊集合 $R \in \mathcal{F}(X \times Y)$："$x$ 接近于 y"，其中集合 $X = \{x_1, x_2, x_3\}$ 和 $Y = \{y_1, y_2\}$，且分别被设定为 $X = \{5, 11, 17\}$ 和 $Y = \{6, 16\}$，两者的模糊关系为

$$R = \begin{array}{c} \\ x_1 \\ x_2 \\ x_3 \end{array} \begin{array}{cc} y_1 & y_2 \\ \begin{bmatrix} 0.9 & 0.1 \\ 0.6 & 0.6 \\ 0.1 & 0.9 \end{bmatrix} \end{array}.$$

同时考虑另一个 Type-1 模糊关系 $S \in \mathcal{F}(Y \times Z)$："$y$ 比 z 小得多"，其中 $Z = \{z_1, z_2, z_3\} = \{17, 20, 30\}$，以及

$$S = \begin{array}{c} \\ y_1 \\ y_2 \end{array} \begin{array}{ccc} z_1 & z_2 & z_3 \\ \begin{bmatrix} 0.5 & 0.7 & 0.9 \\ 0.1 & 0.2 & 0.8 \end{bmatrix} \end{array}.$$

对上述两个 Type-1 模糊关系添加一些不确定信息, 可分别得到以下形式的模糊集合:

$$
\tilde{R} = \begin{array}{c} \\ x_1 \\ x_2 \\ x_3 \end{array}
\begin{array}{c} y_1 \\ \left[\begin{array}{cc} 0.4/0.8+1/0.9+0.6/1 & 0.5/0+1/0.1+0.6/0.2 \\ 0.3/0.5+1/0.6+0.7/0.7 & 0.2/0.5+1/0.6+0.6/0.7 \\ 0.5/0+1/0.1+0.6/0.2 & 0.5/0.8+1/0.9+0.7/1 \end{array} \right], \end{array}
\tag{6.2}
$$

$$
\tilde{S} = \begin{array}{c} y_1 \\ y_2 \end{array}
\left[\begin{array}{ccc} z_1 & z_2 & z_3 \\ 0.4/0.4+1/0.5+0.7/0.6 & 0.3/0.6+1/0.7+0.5/0.8 & 0.8/0.8+1/0.9+0.5/1 \\ 0.6/0+1/0.1+0.6/0.2 & 0.5/0.1+1/0.2+0.7/0.3 & 0.6/0.7+1/0.8+0.4/0.9 \end{array} \right],
$$

$$
\tag{6.3}
$$

两者都是标准的 Type-2 模糊关系。其中, 用分数线形式 "—" 和用反斜杠形式 "/" 表示隶属度的含义一样, 根据排版的要求, 选择合适的形式。

高阶的模糊关系 (如 Type-2 模糊关系) 是增加关系模糊性的一种方法。正如 Hisdal 指出, 对于逻辑推理而言, 对描述增加了模糊性意味着增加了处理不确定信息的能力 [116]。但是, 在实际应用中, 信息并不是越模糊越好, 而是根据具体的问题适当地增加模糊信息, 这样有利于提高运算速度。从这个观点出发, 本书作者提出了下列 r 元对称值 Type-2 模糊关系模型。

定义 6.1 下列讨论的 Type-1 模糊集合的论域是区间 [0,1]。

(1) 在 Type-1 模糊集合中, 隶属度为 1 的元素称为主元素。如果所有元素的隶属度都不为 1, 则将这些隶属度量化, 使得最大隶属度为 1。也就是说, 主元素是隶属度最大的元素。

之所以这样量化, 是因为本章后面提出的求解 Type-2 模糊逻辑关系方程的算法易于计算。一般地, 假设一个 Type-1 模糊集合只有一个主元素。

(2) 如果其元素从小到大均匀地分布在主元素两边, 那么 Type-1 模糊集合称为对称值 Type-1 模糊集合。如果一个 Type-1 模糊集合有 0(或者 1) 作为其元素, 它也被认为是对称值 Type-1 模糊集合, 因为可以认为 0 左边的元素 (或者 1 右边的元素) 的隶属度为 0。

(3) 如果其矩阵形式中的项均为对称值 Type-1 模糊集合, 那么 Type-2 模糊关系称为对称值 Type-2 模糊关系。进而, 如果所有这些对称值 Type-1 模糊集合的元素个数都小于等于 r, 则该对称值 Type-2 模糊关系称为 r 元对称值 Type-2 模糊关系。

例 6.2　考虑下列 Type-1 模糊集合:

$$A = 0.7/0.5 + 0.2/0.6 + 0.6/0.7 + 1/0.8 + 0.4/0.9,$$
$$B = 0.6/0.3 + 0.9/0.5 + 0.5/0.8 + 0.3/0.9,$$
$$C = 0.7/0.2 + 0.5/0.3 + 1/0.4 + 0.3/0.5 + 0.8/0.6,$$
$$D = 1/0 + 0.6/0.1,$$
$$E = 0.1/0.8 + 0.7/0.9 + 1/1.$$

在模糊集合 A 中, 0.8 是主元素。对于 B, 经过量化处理后, 它可以重新表示为

$$B = 0.7/0.3 + 1/0.5 + 0.6/0.8 + 0.3/0.9.$$

因此, 0.5 是主元素。模糊集合 A 和 C 是对称值 Type-1 模糊集合。D 和 E 可分别表示为

$$D = 0/a + 1/0 + 0.6/0.1$$

和

$$E = 0.1/0.8 + 0.7/0.9 + 1/1 + 0/b + 0/c.$$

因此, 两者也是对称值 Type-1 模糊集合。

Type-2 模糊关系 (6.2) 和 (6.3) 是三元对称值 Type-2 模糊关系。

接下来, 给出下列定义。

定义 6.2　设 $\tilde{R}_1 = \big(\mu_{\tilde{R}_1}(u_i, v_j)\big) \in \tilde{\mathcal{F}}(U \times V)$, $\tilde{R}_2 = \big(\mu_{\tilde{R}_2}(u_i, v_j)\big) \in \tilde{\mathcal{F}}(U \times V)$。

(1) 如果 $\mu_{\tilde{R}_1}(u_i, v_j) \geqslant \mu_{\tilde{R}_2}(u_i, v_j), i = 1, 2, \cdots, m; j = 1, 2, \cdots, n$, 那么称 $\tilde{R}_1 \supseteq \tilde{R}_2$。

(2) 如果 $\tilde{R}_1 \supseteq \tilde{R}_2$ 且 $\tilde{R}_1 \neq \tilde{R}_2$, 那么称 $\tilde{R}_1 \supset \tilde{R}_2$。

(3) 设 $\Theta \subset \tilde{\mathcal{F}}(U \times V)$, 如果 Θ 中没有 $\tilde{R}_2$ 使得 $\tilde{R}_2 \supset \tilde{R}_1(\tilde{R}_1 \supset \tilde{R}_2)$, 那么 $\tilde{R}_1 \in \Theta$ 称为较大元 (最较小元)。

(4) 如果 $\tilde{R}_1 \supseteq \tilde{R}_2, \forall \tilde{R}_2 \in \Theta(\tilde{R}_2 \supseteq \tilde{R}_1, \forall \tilde{R}_2 \in \Theta)$, 那么 $\tilde{R}_1 \in \Theta$ 称为最大元 (最小元)。

6.2.2　Type-2 模糊关系的合成

定义 6.3[117]　　如果 $R(\tilde{R})$ 和 $S(\tilde{S})$ 分别是论域 $U \times V$ 和 $V \times W$ 上的 Type-1 模糊关系 (Type-2 模糊关系), 那么任意有序对 $(u, w)(u \in U, w \in W)$ 的隶属度非零的充分必要条件是存在至少一个 $v \in V$ 使得

$$\mu_R(u, v) \neq 0(\mu_{\tilde{R}}(u, v) \neq 1/0),$$

以及

$$\mu_S(v, w) \neq 0(\mu_{\tilde{S}}(v, w) \neq 1/0),$$

其中, 1/0 表示 Type-2 模糊集合中隶属度为 0 的概念。

在 Type-2 模糊集合中, 一个元素被称为拥有隶属度为 0, 则这个元素满足以下两方面: ①有主隶属度 0 且这个主隶属度 0 的隶属度为 1; ②其他主隶属度的隶属度均为 0。

显然, 对于 Type-1 模糊集合的合成, 上述定义等价于下列 sup-star 合成:

$$\mu_{R \circ S}(u, w) = \sup_{v \in V}[\mu_R(u, v) \bigstar \mu_S(v, w)]; \tag{6.4}$$

对于 Type-2 模糊集合的合成, 上述定义等价于下列扩展的 sup-star 合成:

$$\mu_{\tilde{R} \circ \tilde{S}}(u, w) = \bigsqcup_{v \in V}[\mu_{\tilde{R}}(u, v) \sqcap \mu_{\tilde{S}}(v, w)], \tag{6.5}$$

其中, $\bigstar$ 表示 t 范数 (t-norm); $\sqcap$ 和 $\sqcup$ 分别是 Type-2、Type-1 模糊集合的交运算和并运算。两者定义如下:

设 $\tilde{A}$ 和 $\tilde{B}$ 是论域 X 上的 Type-2 模糊集合, $\mu_{\tilde{A}}(x)$ 和 $\mu_{\tilde{B}}(x)$ 分别是 $\tilde{A}$ 和 $\tilde{B}$ 的隶属度 (即 $J_x \subseteq [0, 1]$ 的 Type-1 模糊集合)。对任意的 x, 有

$$\mu_{\tilde{A}}(x) = \int_u f_x(u)/u$$

和

$$\mu_{\tilde{B}}(x) = \int_w g_x(w)/w,$$

其中, $u \in J_x$ 和 $w \in J_x$ 表示 x 的主隶属度; $f_x(u) \in [0, 1]$ 和 $g_x(w) \in [0, 1]$ 表示 x 的次隶属度。

Type-2 模糊集合 $\tilde{A}$ 和 $\tilde{B}$ 的并运算与交运算分别定义为

$$\mu_{\tilde{A} \cup \tilde{B}}(x) = \mu_{\tilde{A}}(x) \sqcup \mu_{\tilde{B}}(x) = \sum_u \sum_w (f_x(u) \star g_x(w))/(u \vee w) \tag{6.6}$$

和

$$\mu_{\tilde{A} \cap \tilde{B}}(x) = \mu_{\tilde{A}}(x) \sqcap \mu_{\tilde{B}}(x) = \sum_u \sum_w (f_x(u) \star g_x(w))/(u \star w), \tag{6.7}$$

其中，$\vee$ 表示取大 s 余范数 (maximum s-norm)。在本章后续内容中，设定 $\star$ 为取小 t 范数 (minimum t-norm)，并记为 $\wedge$。

在式 (6.6) 和式 (6.7) 中，如果多于一个 u 和 w 的计算得到同一个结果 $u \vee w$，则取隶属度较大者。

例 6.3 考虑例 6.1 中的模糊关系。显然，模糊关系 "x 接近于 y 并且 y 远比 z 小" 是这两个模糊关系的合成。对于 Type-1 模糊关系的合成，可用式 (6.4) 计算如下：

$$\mu_{R \circ S}(x_i, z_j) = [\mu_R(x_i, y_1) \wedge \mu_S(y_1, z_j)] \vee [\mu_R(x_i, y_2) \wedge \mu_S(y_2, z_j)]$$
$$\vee [\mu_R(x_i, y_3) \wedge \mu_S(y_3, z_j)], \tag{6.8}$$

其中，$i=1,2,3$; $j=1,2,3$。

由式 (6.8) 可以得到如下合成关系：

$$R \circ S = \begin{bmatrix} 0.5 & 0.7 & 0.9 \\ 0.5 & 0.6 & 0.6 \\ 0.1 & 0.2 & 0.8 \end{bmatrix}. \tag{6.9}$$

对于 Type-2 模糊关系的合成，可用式 (6.5) 计算：

$$\mu_{\tilde{R} \circ \tilde{S}}(x_i, z_j) = [\mu_{\tilde{R}}(x_i, y_1) \sqcap \mu_{\tilde{S}}(y_1, z_j)] \sqcup [\mu_{\tilde{R}}(x_i, y_2) \sqcap \mu_{\tilde{S}}(y_2, z_j)]$$
$$\sqcup [\mu_{\tilde{R}}(x_i, y_3) \sqcap \mu_{\tilde{S}}(y_3, z_j)], \tag{6.10}$$

其中，$i=1,2,3$; $j=1,2,3$。

由式 (6.2)、式 (6.3)、式 (6.6)、式 (6.7)、式 (6.10) 可得如下 Type-2 模糊关系的合成：

$$\tilde{R} \circ \tilde{S} = \begin{bmatrix} 0.4/0.4 + 1/0.5 + 0.7/0.6 \\ 0.4/0.4 + 1/0.5 + 0.7/0.6 \\ 0.5/0 + 1/0.1 + 0.6/0.2 \end{bmatrix}$$

$$0.3/0.6 + 1/0.7 + 0.5/0.8$$
$$0.3/0.5 + 1/0.6 + 0.7/0.7$$
$$0.5/0.1 + 1/0.2 + 0.7/0.3$$

$$\left.\begin{array}{c} 0.8/0.8 + 1/0.9 + 0.5/1 \\ 0.2/0.5 + 1/0.6 + 0.7/0.7 \\ 0.6/0.7 + 1/0.8 + 0.4/0.9 \end{array}\right]. \tag{6.11}$$

注 6.1　比较式 (6.9) 与式 (6.11)，可以发现式 (6.11) 中的结果与式 (6.9) 中的结果非常相似。也就是说，在 Type-2 模糊关系的情形下，对应于 Type-1 模糊关系中的主隶属度的次隶属度为 1。式 (6.11) 提供了更多的不确定信息。

下面给出一些运算性质，这些性质对简化计算 Type-1 模糊关系的合成以及 Type-2 模糊关系的合成非常有用。

定理 6.1　设 $A = \{a_1, a_2, \cdots, a_m\}$ 和 $B = \{b_1, b_2, \cdots, b_n\}$ 分别是区间 $[0,1]$ 上的实数集。定义

$$A \vee B = \{a_i \vee b_j | a_i \in A, b_j \in B\},$$
$$A \wedge B = \{a_i \wedge b_j | a_i \in A, b_j \in B\},$$

那么，有

$$\min\{m, n\} \leqslant |A \vee B| \leqslant m + n - 1, \tag{6.12}$$

$$\min\{m, n\} \leqslant |A \wedge B| \leqslant m + n - 1, \tag{6.13}$$

其中，$|A|$ 表示集合 A 中元素的个数。

证明　式 (6.12) 和式 (6.13) 的证明过程相似，这里只给出式 (6.12) 的证明。

集合 A 和集合 B 的元素总个数为 $m + n$，且两者并集 $A \cup B$ 中的最小元在两两取大比较之后消失，因此有

$$|A \vee B| \leqslant m + n - 1,$$

其中，当 a_i 和 $b_j (i = 1, 2, \cdots, m; j = 1, 2, \cdots, n)$ 错位排列时，"=" 成立。例如，a_i 和 b_j 排列为 $a_1 \leqslant b_1 \leqslant a_2 \leqslant b_2 \leqslant \cdots \leqslant a_m \leqslant \cdots \leqslant b_n$。

下面证明式 (6.12) 的左端。不失一般性，假设 $m \leqslant n$。对于任意的 $a_i \in A, i = 1, 2, \cdots, m$，有

$$|a_i \vee B| \geqslant m,$$

其中, 只有当 $a_i \geqslant b_j (j=1,2,\cdots,n)$ 时, "=" 成立, 这表明 $a_i \vee B = a_i$。

因此, 可得

$$|A \vee B| \geqslant m,$$

当 $a_i \geqslant b_j (i=1,2,\cdots,m, j=1,2,\cdots,n)$ 时, "=" 成立。定理得证。

利用数学归纳法, 定理 6.1 可以推广到下列多个集合的情形。

推论 6.1　设 $A_i = \{a_{i_1}, a_{i_2}, \cdots, a_{i_m}\} (i=1,2,\cdots,n)$ 是区间 $[0,1]$ 上的实数集。定义

$$\overset{n}{\underset{i=1}{\vee}} A_i = \{a_{1_k} \vee a_{2_k} \vee \cdots \vee a_{n_k} | a_{i_k} \in A_i\},$$

$$\overset{n}{\underset{i=1}{\wedge}} A_i = \{a_{1_k} \wedge a_{2_k} \wedge \cdots \wedge a_{n_k} | a_{i_k} \in A_i\},$$

那么, 有

$$\min\{i_m, i=1,2,\cdots,n\} \leqslant |\overset{n}{\underset{i=1}{\vee}} A_i| \leqslant \left(\sum_{i=1}^{n} i_m\right) - n + 1.$$

推论 6.2~ 推论 6.4 在简化计算 Type-2 模糊集合的并运算 $\sqcup$ 和交运算 $\sqcap$ 时非常有用。

推论 6.2　设 x 和 y 分别是区间 $[0,1]$ 上的实数, 那么有

$$x \vee (x \wedge y) = x,$$

$$x \wedge (x \vee y) = x.$$

证明　直接验证即可。

推论 6.3　对于对称值 Type-1 模糊集合

$$A = f_1/a_1 + \cdots + 1/a_k + \cdots + f_m/a_m,$$
$$B = g_1/b_1 + \cdots + 1/b_l + \cdots + g_n/b_n. \tag{6.14}$$

(1) 如果 $a_1 \leqslant b_1$, 那么 f_1/a_1 出现在 $A \sqcap B$ 中, 且其位置不变, 而在 $A \sqcup B$ 消失。

(2) 如果 $b_n \geqslant a_m$, 那么 f_n/b_n 出现在 $A \sqcup B$ 中, 且其位置不变, 而在 $A \sqcap B$ 消失。

证明　(1) 与 (2) 的证明相似, 这里只给出 (1) 的证明。

因为 $a_1 \leqslant b_1 < b_2 < \cdots < b_n$, 所以 $a_1 \wedge b_j = a_1 (j=1,2,\cdots,n)$。根据推论 6.2 可知

$$(f_1 \wedge g_1) \vee (f_1 \wedge g_2) \vee \cdots \vee f_1 \vee \cdots \vee (f_1 \wedge g_n) = f_1.$$

因此, 在两两取小比较中, f_1/a_1 保留且位置保持不变。

另外, $a_1 \vee b_j \neq a_1 (j=1,2,\cdots,n)$, 这表明 $A \sqcup B$ 不含 a_1。从而, 推论得证。

由推论 6.3 可得推论 6.4。

推论 6.4　对于对称值 Type-1 模糊集合

$$A = \frac{f_1}{a_1} + \cdots + \frac{1}{a_k} + \cdots + \frac{f_m}{a_m},$$
$$B = \frac{g_1}{b_1} + \cdots + \frac{1}{b_l} + \cdots + \frac{g_n}{b_n}.$$

如果 $a_m \leqslant b_1$, 那么有

$$A \sqcap B = A,$$
$$A \sqcup B = B.$$

定理 6.2　设 A 和 B 是式 (6.14) 所示的两个 Type-1 模糊集合, 那么 $A \sqcap B$ 和 $A \sqcup B$ 的主元素由 A 和 B 的主元素唯一确定。

证明　显然, 在两两取小和取大比较的过程中, 隶属度 1 只出现在项 $a_k \wedge b_l$ 中 (对于 $A \sqcup B$, 只出现在 $a_k \vee b_l$ 中)。

如果项 $a_k \wedge b_l$ (对于 $A \sqcup B$, 项 $a_k \vee b_l$) 在 $A \sqcap B(A \sqcup B)$ 中是唯一的, 定理得证; 否则, 如果项 $a_k \wedge b_l$ (对于 $A \sqcup B$, 项 $a_k \vee b_l$) 在 $A \sqcap B(A \sqcup B)$ 中不唯一, 例如, 设 $a_i \wedge b_j = a_k \wedge b_l$ (对于 $A \sqcup B$, $a_i \vee b_j = a_k \vee b_l$), 因为 $(f_i \wedge g_j) \vee 1 = 1$, 所以项 $a_k \wedge b_l$ (对于 $A \sqcup B$, 项 $a_k \vee b_l$) 的隶属度仍然是 1。从而, 定理得证。

注 6.2　定理 6.2 描述了两个 Type-2 模糊集合在进行并运算与交运算时, 两者的并集与交集的主元素是如何产生的。这在确定 Type-2 模糊集合的并集与交集的主元素时非常有用, 也有利于对 Type-2 模糊逻辑关系方程的求解。

6.2.3　Type-2 模糊逻辑关系方程

在实际问题中, 常用到两类 Type-2 模糊逻辑关系方程, 一类广泛应用在模糊控制器的设计问题中 (下面称为类型 1); 另一类在类似于通过症状诊断疾病的问题中非常有用, 其中模糊关系未知 (下面称为类型 2)。

类型 1   设 $\tilde{A} \in \tilde{\mathcal{F}}(U \times V)$ 和 $\tilde{B} \in \tilde{\mathcal{F}}(U \times W)$ 是两个已知的 Type-2 模糊关系, 求 Type-2 模糊关系 $\tilde{X} \in \tilde{\mathcal{F}}(V \times W)$ 使得

$$\tilde{A} \circ \tilde{X} = \tilde{B}. \tag{6.15}$$

类型 2   设 $\tilde{R} \in \tilde{\mathcal{F}}(V \times W)$ 和 $\tilde{B} \in \tilde{\mathcal{F}}(U \times W)$ 是两个已知的 Type-2 模糊关系, 求 Type-2 模糊关系 $\tilde{X} \in \tilde{\mathcal{F}}(U \times V)$ 使得

$$\tilde{X} \circ \tilde{R} = \tilde{B}. \tag{6.16}$$

类型 1 模糊逻辑关系方程也可以看成模糊输入和输出已知, 但模糊关系未知的 Type-2 模糊系统。类型 2 模糊逻辑关系方程可以看成模糊关系和输出已知, 但模糊输入未知的 Type-2 模糊系统。

对式 (6.16) 两端取转置, 可得

$$\tilde{R}^{\mathrm{T}} \circ \tilde{X}^{\mathrm{T}} = \tilde{B}^{\mathrm{T}}, \tag{6.17}$$

这表明, 两类 Type-2 模糊逻辑关系方程 (6.15) 和方程 (6.16) 本质是一样的。因此, 本章只考虑求解方程 (6.15)。

6.3 k 值逻辑关系的矩阵表示

本节介绍如何利用逻辑动态系统代数状态空间法将逻辑方程转化为代数方程, 以及利用逻辑动态系统代数状态空间法求解 Type-1 模糊逻辑关系方程的相关知识, 这些是求解 Type-2 模糊逻辑关系方程的基础。

6.3.1   逻辑算子的矩阵表示

下面是本章用到的符号。

(1) k 值逻辑的值域: $\mathcal{D}^k := \left\{ 0, \dfrac{1}{k-1}, \cdots, \dfrac{k-2}{k-1}, 1 \right\}, k \geqslant 2$。当 $k = 2$ 时, $\mathcal{D}^2 := \{0, 1\}$ 是布尔值域; 当 $k = \infty$ 时, $\mathcal{D}^\infty := \{\alpha | 0 \leqslant \alpha \leqslant 1\}$ 是模糊值域。

(2) $\mathcal{D}^k_{m \times n}$: $\mathcal{D}^k$ 上所有 $m \times n$ 矩阵的集合。

(3) 设 $x \in \mathcal{D}^k (k < \infty)$, 将 $x = \dfrac{i}{k-1}$ 标识为 δ_k^{k-i}, $i = 0, 1, \cdots, k-1$。那么 $x \in \Delta_k$, 这是 x 的向量形式。

例 6.4　考虑 3 值逻辑, 其值域为 $\mathcal{D}^3 := \{0, 0.5, 1\}$。0、0.5 和 1 的向量形式分别为 δ_3^1、δ_3^2 和 δ_3^3, 即

$$0 \overset{\text{def}}{=} \delta_3^1 = \begin{bmatrix} 1 \\ 0 \\ 0 \end{bmatrix}, \quad 0.5 \overset{\text{def}}{=} \delta_3^2 = \begin{bmatrix} 0 \\ 1 \\ 0 \end{bmatrix}, \quad 1 \overset{\text{def}}{=} \delta_3^3 = \begin{bmatrix} 0 \\ 0 \\ 1 \end{bmatrix}.$$

定义 6.4　如果 L 的列都具有形式 δ_n^k, 即 $\mathrm{col}(L) \subset \Delta_n$, 那么矩阵 $L \in \mathrm{M}_{m \times n}$ 称为逻辑矩阵。设 $\mathcal{L}_{n \times r}$ 表示 $n \times r$ 矩阵的集合, $L \in \mathcal{L}_{n \times r}$ 可以表示为 $L = [\delta_n^{i_1}, \delta_n^{i_2}, \cdots, \delta_n^{i_r}]$, 或者更简洁地表示为 $L = \delta_n[i_1, i_2, \cdots, i_r]$。

命题 6.1[71]

(1) 设 $\sigma : \underbrace{\mathcal{D}^k \times \cdots \times \mathcal{D}^k}_{r}$ 为 r 元的 k 值逻辑算子 (也称逻辑函数), 如果逻辑变量是向量形式, 那么 σ 可以表示为

$$\sigma : \underbrace{\mathcal{D}^k \times \cdots \times \mathcal{D}^k}_{r} \to \Delta_k. \tag{6.18}$$

(2) 设 $\sigma : \underbrace{\mathcal{D}^k \times \cdots \times \mathcal{D}^k}_{r}$ 为 r 元的 k 值逻辑算子, 则存在唯一的逻辑矩阵 $M_\sigma \in \mathcal{L}_{k \times k^r}$ 使得

$$\sigma(x_1, \cdots, x_r) = M_\sigma \ltimes x_1 \ltimes \cdots \ltimes x_r, \tag{6.19}$$

式 (6.19) 称为 σ 的代数形式, M_σ 称为 σ 的结构矩阵。

关于如何计算 M_σ 以及如何将 σ 的代数形式转回其逻辑形式, 请参阅文献 [5]。

例 6.5　(1) 以 3 值逻辑算子为例, 析取 $\vee$ 与合取 $\wedge$ 的结构矩阵分别为

$$M_{\mathrm{d}}^3 = \delta_3[1, 1, 1, 1, 2, 2, 1, 2, 3]$$
$$= \begin{bmatrix} 1 & 1 & 1 & 1 & 0 & 0 & 1 & 0 & 0 \\ 0 & 0 & 0 & 0 & 1 & 1 & 0 & 1 & 0 \\ 0 & 0 & 0 & 0 & 0 & 0 & 0 & 0 & 1 \end{bmatrix}$$

和

$$M_{\mathrm{c}}^3 = \delta_3[1, 2, 3, 2, 2, 3, 3, 3, 3]$$
$$= \begin{bmatrix} 1 & 0 & 0 & 0 & 0 & 0 & 0 & 0 & 0 \\ 0 & 1 & 0 & 1 & 1 & 0 & 0 & 0 & 0 \\ 0 & 0 & 1 & 0 & 0 & 1 & 1 & 1 & 1 \end{bmatrix}.$$

(2) 逻辑表达式 $0 \wedge 0.5$ 和 $0.5 \vee 1$ 可以分别表示为如下代数形式:

$$
\begin{aligned}
&0 \wedge 0.5 \\
&= M_c^3 \ltimes \delta_3^1 \ltimes \delta_3^2 \\
&= \begin{bmatrix} 1 & 0 & 0 & 0 & 0 & 0 & 0 & 0 & 0 \\ 0 & 1 & 0 & 1 & 1 & 0 & 0 & 0 & 0 \\ 0 & 0 & 1 & 0 & 0 & 1 & 1 & 1 & 1 \end{bmatrix} \ltimes \begin{bmatrix} 1 \\ 0 \\ 0 \end{bmatrix} \ltimes \begin{bmatrix} 0 \\ 1 \\ 0 \end{bmatrix} \\
&= \begin{bmatrix} 1 \\ 0 \\ 0 \end{bmatrix}
\end{aligned}
$$

和

$$
\begin{aligned}
&0.5 \vee 1 \\
&= M_d^3 \ltimes \delta_3^2 \ltimes \delta_3^3 \\
&= \begin{bmatrix} 1 & 1 & 1 & 1 & 0 & 0 & 1 & 0 & 0 \\ 0 & 0 & 0 & 0 & 1 & 1 & 0 & 1 & 0 \\ 0 & 0 & 0 & 0 & 0 & 0 & 0 & 0 & 1 \end{bmatrix} \ltimes \begin{bmatrix} 0 \\ 1 \\ 0 \end{bmatrix} \ltimes \begin{bmatrix} 0 \\ 0 \\ 1 \end{bmatrix} \\
&= \begin{bmatrix} 0 \\ 0 \\ 1 \end{bmatrix}.
\end{aligned}
$$

由上述得到的 $0 \wedge 0.5$ 和 $0.5 \vee 1$ 的代数表达式, 可以将逻辑表达式 $(0 \wedge 0.5) \vee$ $(0.5 \wedge 1) \vee (0 \wedge 1)$ 表示为

$$
\begin{aligned}
&(0 \wedge 0.5) \vee (0.5 \wedge 1) \vee (0 \wedge 1) \\
&= M_d^3 \ltimes M_d^3 \ltimes M_c^3 \ltimes \delta_3^1 \ltimes \delta_3^2 \ltimes M_c^3 \ltimes \delta_3^2 \ltimes \delta_3^3 \ltimes M_c^3 \ltimes \delta_3^1 \ltimes \delta_3^3 \\
&= \delta_3^2.
\end{aligned}
$$

6.3.2   Type-1 模糊逻辑关系方程的代数求法

考虑 Type-1 模糊逻辑关系方程

$$
A \circ X = B, \tag{6.20}
$$

其中, "$\circ$" 的定义见式 (6.4)。

设 $A = (a_{i,j})$、$B = (b_{i,j})$、$X = (x_{i,j})$，可进一步将式 (6.20) 化为如下标准的线性代数方程：

$$A \circ X_i = B_i, \quad i = 1, 2, \cdots, s, \tag{6.21}$$

其中，X_i 是 X 的第 i 列；B_i 是 B 的第 i 列。

从 A 和 B 中选择不同的元素构成集合

$$S = \{a_{i,j}, b_{p,q} | i = 1, 2, \cdots, m; j = 1, 2, \cdots, n; p = 1, 2, \cdots, m; q = 1, 2, \cdots, s\},$$

如果 S 中没有 1、0，则将 1、0 加入其中，再构造如下有序集：

$$\Xi = \{\xi_i | i = 1, 2, \cdots, r; \xi_1 = 0 < \xi_2 < \cdots < \xi_{r-1} < \xi_r = 1\}.$$

因此，有 $S \subset \Xi$。

定义 6.5[59]　设 $x \in [0,1]$，定义映射 $\pi_*: [0,1] \to \Xi$ 和 $\pi^*: [0,1] \to \Xi$：

$$\pi_*(x) = \max_i \{\xi_i \in \Xi | \xi_i \leqslant x\}, \tag{6.22}$$

$$\pi^*(x) = \min_i \{\xi_i \in \Xi | \xi_i \geqslant x\}. \tag{6.23}$$

命题 6.2[59]　$X = (x_{i,j}) \in \mathcal{D}_{n \times s}^\infty$ 是方程 (6.20) 的解当且仅当 $\pi_*(X)$ 和 $\pi^*(X)$ 是式 (6.20) 的解。

命题 6.2 完整地描述了 Type-1 模糊逻辑关系方程的解集。下列命题保证了解集中最大解的存在性。

命题 6.3[59]　如果 Ξ^n 中有方程 (6.21) 的解，那么 Ξ^n 中有方程 (6.21) 的最大解。

要解方程 (6.20)，只需解方程组 (6.21)。也就是说，只需要求解方程组 (6.21) 中的每个方程，表示如下：

$$A \circ x = b. \tag{6.24}$$

利用式 (6.19)，方程 (6.24) 中第 j 个方程的左端可化为

$$\begin{aligned}
A \circ x &= (M_{\mathrm{d}}^r)^{n-1} (M_{\mathrm{c}}^r a_{j,1} x_1) \cdots (M_{\mathrm{c}}^r a_{j,n} x_n) \\
&= (M_{\mathrm{d}}^r)^{n-1} M_{\mathrm{c}}^r a_{j,1} [I_r \otimes (M_{\mathrm{c}}^r a_{j,2})] [I_{r^2} \otimes (M_{\mathrm{c}}^r a_{j,3})] \cdots \\
&\quad \cdot [I_{r^{n-1}} \otimes (M_{\mathrm{c}}^r a_{j,n})] \ltimes_{i=1}^n x_i \\
&= L_j x, \tag{6.25}
\end{aligned}$$

其中,

$$L_j = (M_{\mathrm{d}}^r)^{n-1} M_c^r a_{j,1} [I_r \otimes (M_c^r a_{j,2})] [I_{r^2} \otimes (M_c^r a_{j,3})] \cdots$$

$$[I_{r^{n-1}} \otimes (M_c^r a_{j,n})] \in \mathcal{L}_{r \times r^n},$$

$$x = \ltimes_{i=1}^n x_i.$$

因此,方程 (6.24) 中第 j 个方程可表示为

$$L_{j \ltimes} x = b_j, \quad j = 1, 2, \cdots, m. \tag{6.26}$$

注 6.3   文献 [59] 的方法方便有效,理论结果简洁明了。但在利用计算机求解时,对计算机的内存容量要求较高。为了降低对计算机内存的要求,可以将上述求法改写为如下分步计算。该分步计算的本质是不直接对式 (6.26) 的两边取半张量积以将式 (6.24) 转化为

$$L \ltimes x = b, \tag{6.27}$$

其中,

$$L = L_1 \otimes L_2 \otimes \cdots \otimes L_m \in \mathcal{L}_{r^m \times r^n}, \quad b = \ltimes_{j=1}^m b_j,$$

而是直接求解方程 (6.26) 中的 m 个方程。因为 L_j 是逻辑矩阵,$b \in \Delta_{r^m}, x \in \Delta_{r^n}$,所以方程 (6.26) 有解当且仅当

$$b \in \mathrm{col}(L). \tag{6.28}$$

令 $\Lambda = \{\lambda | \mathrm{col}_\lambda(L) = b\}$,那么方程 (6.26) 的解集为

$$\{x_\lambda = \delta_{r^n}^\lambda | \lambda \in \Lambda\}.$$

最后,取这 m 个解集的交集即方程 (6.24) 的解集。

比较式 (6.27) 和式 (6.26),可以发现 $L \in \mathcal{L}_{r^m \times r^n}$、$b \in \Delta_{r^m}$,以及 $L_j \in \mathcal{L}_{r \times r^n}$、$b_j \in \Delta_r$。这表明,利用上述分步求解法求解,计算机不需要为 L 和 b 分配内存,而只需要为 L_j 和 b_j 分配内存。

因此,与文献 [59] 的方法相比,这种分步求解法对计算机的内存要求非常低,特别是当 m 较大时,效果更加明显。

6.4 Type-2 模糊逻辑关系方程的代数求解

为了利用 6.3 节给出的 Type-1 模糊逻辑关系方程的代数求法求解 Type-2 模糊逻辑关系方程，需要对 Type-2 模糊逻辑关系方程进行一些处理。首先，对 Type-2 模糊逻辑关系方程的解进行分解，分解为主元解和次元解两部分。然后，建立 Type-2 模糊逻辑关系方程的主子方程模型。最后，给出两个求解 Type-2 模糊逻辑关系方程的方法，一个是求解一般 Type-2 模糊逻辑关系方程，另一个是求解对称值 Type-2 模糊逻辑关系方程。

6.4.1 Type-2 模糊逻辑关系方程解的分解

定义 6.6 (1) Type-2 模糊关系 (6.1) 的主子矩阵记作 $\tilde{R}_p$，是一个 Type-1 模糊关系，其元素是式 (6.1) 中对应项的主元素。

(2) Type-2 模糊关系 (6.1) 的次子矩阵记作 $\tilde{R}_s$，是从模糊关系 (6.1) 中删除主子阵及对应隶属度所剩下的部分。

(3) Type-2 模糊逻辑关系方程 (6.15) 的主子方程是由模糊逻辑关系方程 (6.15) 对应的主子矩阵所构成的 Type-1 模糊逻辑关系方程，即 $\tilde{A}_p \circ \tilde{X}_p = \tilde{B}_p$。

例 6.6 考虑例 6.1 中的 Type-2 模糊逻辑关系方程。$\tilde{R}$ 的主子矩阵和次子矩阵分别为

$$\tilde{R}_p = \begin{bmatrix} 0.9 & 0.1 \\ 0.6 & 0.6 \\ 0.1 & 0.9 \end{bmatrix},$$

$$\tilde{R}_s = \begin{bmatrix} \dfrac{0.4}{0.8} + \dfrac{0.6}{1} & \dfrac{0.5}{0} + \dfrac{0.6}{0.2} \\[2mm] \dfrac{0.3}{0.5} + \dfrac{0.7}{0.7} & \dfrac{0.2}{0.5} + \dfrac{0.6}{0.7} \\[2mm] \dfrac{0.5}{0} + \dfrac{0.6}{0.2} & \dfrac{0.5}{0.8} + \dfrac{0.7}{1} \end{bmatrix}.$$

$\tilde{S}$ 的主子矩阵和次子矩阵分别为

$$\tilde{S}_p = \begin{bmatrix} 0.5 & 0.7 & 0.9 \\ 0.1 & 0.2 & 0.8 \end{bmatrix}$$

和

$$\tilde{S}_s = \begin{bmatrix} \dfrac{0.4}{0.4} + \dfrac{0.7}{0.6} & \dfrac{0.3}{0.6} + \dfrac{0.5}{0.8} & \dfrac{0.8}{0.8} + \dfrac{0.5}{1} \\[3mm] \dfrac{0.6}{0} + \dfrac{0.6}{0.2} & \dfrac{0.5}{1} + \dfrac{0.7}{0.3} & \dfrac{0.7}{0.6} + \dfrac{0.4}{0.9} \end{bmatrix}.$$

由此可见,Type-2 模糊逻辑关系方程 (6.15) 的解完全由其主子矩阵 $\tilde{X}_p$ 和次子矩阵 $\tilde{X}_s$ 所确定。

6.4.2 Type-2 模糊逻辑关系方程的求解方法

考虑 Type-2 模糊逻辑关系方程 (6.15),其中,

$$\tilde{A} = \begin{bmatrix} a_{11} & a_{12} & \cdots & a_{1n} \\ \vdots & \vdots & & \vdots \\ a_{i1} & a_{i2} & \cdots & a_{in} \\ \vdots & \vdots & & \vdots \\ a_{m1} & a_{m2} & \cdots & a_{mn} \end{bmatrix},$$

$$\tilde{X} = \begin{bmatrix} x_{11} & x_{12} & \cdots & x_{1s} \\ \vdots & \vdots & & \vdots \\ x_{i1} & x_{i2} & \cdots & x_{is} \\ \vdots & \vdots & & \vdots \\ x_{n1} & x_{n2} & \cdots & x_{ns} \end{bmatrix},$$

$$\tilde{B} = \begin{bmatrix} b_{11} & b_{12} & \cdots & b_{1s} \\ \vdots & \vdots & & \vdots \\ b_{i1} & b_{i2} & \cdots & b_{is} \\ \vdots & \vdots & & \vdots \\ b_{m1} & b_{m2} & \cdots & b_{ms} \end{bmatrix},$$

以及

$$a_{ij} = \frac{f_{ij}^1}{a_{ij}^1} + \frac{f_{ij}^2}{a_{ij}^2} + \cdots + \frac{f_{ij}^{r_{ij}}}{a_{ij}^{r_{ij}}}, \quad i=1,2,\cdots,m; j=1,2,\cdots,n, \tag{6.29}$$

$$x_{ij} = \frac{h_{ij}^1}{x_{ij}^1} + \frac{h_{ij}^2}{x_{ij}^2} + \cdots + \frac{h_{ij}^{s_{ij}}}{x_{ij}^{s_{ij}}}, \quad i=1,2,\cdots,n; j=1,2,\cdots,s, \tag{6.30}$$

$$b_{ij} = \frac{g_{ij}^1}{b_{ij}^1} + \frac{g_{ij}^2}{b_{ij}^2} + \cdots + \frac{g_{ij}^{t_{ij}}}{b_{ij}^{t_{ij}}}, \quad i=1,2,\cdots,m; j=1,2,\cdots,s. \tag{6.31}$$

要求解方程 (6.15), 只需解方程

$$\tilde{A} \circ \tilde{X}_j = \tilde{B}_j, \tag{6.32}$$

其中, $\tilde{X}_j$ 和 $\tilde{B}_j$ 分别是 $\tilde{X}$ 和 $\tilde{B}$ 的第 j 列。

因此, 只需要考虑方程 (6.32) 的展开式:

$$(a_{11} \sqcap x_{1j}) \sqcup (a_{12} \sqcap x_{2j}) \sqcup \cdots \sqcup (a_{1n} \sqcap x_{nj}) = b_{1j}, \tag{6.33}$$

$$(a_{i1} \sqcap x_{1j}) \sqcup (a_{i2} \sqcap x_{2j}) \sqcup \cdots \sqcup (a_{in} \sqcap x_{nj}) = b_{ij}, \tag{6.34}$$

$$(a_{m1} \sqcap x_{1j}) \sqcup (a_{m2} \sqcap x_{2j}) \sqcup \cdots \sqcup (a_{mn} \sqcap x_{nj}) = b_{mj}. \tag{6.35}$$

方程 (6.33)∼ 方程 (6.35) 可由下列步骤求解。

步骤 1　利用式 (6.5) 将方程 (6.34) 的左端展开为式 (6.36) 所示的关于 a_{ij}^k、x_{ij}^l、b_{ij}^r 及其隶属度 f_{ij}^k、h_{ij}^l、g_{ij}^r 的逻辑表达式 (其中, $k=1,2,\cdots,r_{ij}$; $l=1,2,\cdots,s_{ij}$; $r=1,2,\cdots,t_{ij}$):

$$\sum_{\substack{d_k \in \alpha_k \\ c_k \in \beta_k \\ k=1,2,\cdots,n}} \frac{c_1 \wedge c_2 \wedge \cdots \wedge c_n}{d_1 \vee d_2 \vee \cdots \vee d_n}, \tag{6.36}$$

其中,

$$\alpha_k = \{a_{ik}^1 \wedge x_{kj}^1, a_{ik}^1 \wedge x_{kj}^2, \cdots, a_{ik}^1 \wedge x_{kj}^{s_{kj}}, \cdots, a_{ik}^{r_{ik}} \wedge x_{kj}^1, a_{ik}^{r_{ik}} \wedge x_{kj}^2, \cdots, a_{ik}^{r_{ik}} \wedge x_{kj}^{s_{kj}}\},$$

$$\beta_k = \{f_{ik}^1 \wedge h_{kj}^1, f_{ik}^1 \wedge h_{kj}^2, \cdots, f_{ik}^1 \wedge h_{kj}^{s_{kj}}, \cdots, f_{ik}^{r_{ik}} \wedge h_{kj}^1, f_{ik}^{r_{ik}} \wedge h_{kj}^2, \cdots, f_{ik}^{r_{ik}} \wedge h_{kj}^{s_{kj}}\}.$$

步骤 2　选择式 (6.36) 中 t_{ij} 个项的排列, 并令其他隶属度为 0 (t_{ij} 不大于式 (6.41) 中的 m, 否则方程无解)。利用所选排列的元素及其隶属度与式 (6.31) 中对应元素及其隶属度建立方程, 即令所选排列的元素及其隶属度分别与式 (6.31) 中对应元素及其隶属度相等。假设这些方程为

$$\begin{aligned} a_{i1}^1 \wedge x_{1j}^1 &= b_{ij}^1, \\ a_{i4}^7 \wedge x_{4j}^7 &= b_{ij}^2, \\ &\vdots \\ a_{iq}^d \wedge x_{qj}^d &= b_{ij}^{t_{ij}}, \end{aligned} \tag{6.37}$$

$$f_{i1}^1 \wedge h_{1j}^1 = g_{ij}^1,$$
$$f_{i4}^7 \wedge h_{4j}^7 = g_{ij}^2,$$
$$\vdots \tag{6.38}$$
$$f_{iq}^d \wedge h_{qj}^d = g_{ij}^{t_{ij}},$$

其中, $1 \leqslant d \leqslant \max\{r_{ik}, r_{kj}, k=1,2,\cdots,n\}$。

步骤 3 将方程 (6.37) 和方程 (6.38) 转换为它们的代数形式:

$$L \ltimes x = b, \tag{6.39}$$

$$K \ltimes y = c, \tag{6.40}$$

其中,

$$x = x_{1j}^1 \ltimes x_{4j}^7 \ltimes \cdots \ltimes x_{qj}^d;$$
$$b = b_{ij}^1 \ltimes b_{ij}^2 \ltimes \cdots \ltimes b_{ij}^{t_{ij}};$$
$$y = h_{1j}^1 \ltimes h_{4j}^7 \ltimes \cdots \ltimes h_{qj}^d;$$
$$c = g_{ij}^1 \ltimes g_{ij}^2 \ltimes \cdots \ltimes g_{ij}^{t_{ij}}.$$

步骤 4 用 6.3 节给出的求解 Type-1 模糊逻辑关系方程的代数解法求解方程 (6.39) 和方程 (6.40),所得到的解分别为方程 (6.34) 解的主子矩阵和次子矩阵。

步骤 5 将上述步骤应用到方程 (6.33)~ 方程 (6.35),可得它们的解集。取这些解集的交集即方程 (6.32) 的解集。

注 6.4 在步骤 2 中选择不同的排列将会得到方程 (6.32) 不同的解。

6.4.3 对称值 Type-2 模糊逻辑关系方程的求解

尽管 6.4.2 节给出的算法可以求出一般 Type-2 模糊逻辑关系方程的所有解,但是计算十分复杂。事实上,根据定理 6.1,方程 (6.34) 的左端共有 m 项,其中,

$$\prod_{k=1}^n p_k \leqslant m \leqslant \prod_{k=1}^n (r_{ik} + s_{kj} - 1), \tag{6.41}$$

式中,

$$p_k = \min\{r_{ik}, s_{kj}\}, \quad i=1,2,\cdots,n; j=1,2,\cdots,s.$$

这无疑在利用计算机求解时会加重内存的负担。在实际应用中，为了降低对计算机内存的要求，可以利用定理 6.2 设计出求解对称值 Type-2 模糊逻辑关系方程的算法。而对称值 Type-2 模糊逻辑关系方程在实际问题中应用得最多。

假设 Type-2 模糊逻辑关系方程 (6.32) 是对称值 Type-2 模糊逻辑关系方程，以下步骤可求出其所有解。

步骤 1　建立方程 (6.32) 的主子方程，并用 Type-1 模糊逻辑关系方程的代数解法对其进行求解，所得解为 $\tilde{X}_j$ 的主子矩阵。

步骤 2　根据步骤 1 得到的解，确定 $\tilde{X}_j$ 的次子矩阵的元素 (不包含隶属度)。

步骤 3　由式 (6.19) 将方程 (6.34) 展开式中的隶属度方程转换为其代数形式，并用 Type-1 模糊逻辑关系方程的代数解法对其进行求解，所得解即 $\tilde{X}_j$ 的次子矩阵。

步骤 4　将上述步骤应用到方程 (6.33)∼ 方程 (6.35)，即可得到这些方程的解集 (包括元素及其隶属度)，取这些解集的交集即方程 (6.32) 的解集。

下面举例说明如何利用上述算法求解对称值 Type-2 模糊逻辑关系方程。

例 6.7　考虑对称值 Type-2 模糊逻辑关系方程

$$\tilde{A} \circ \tilde{X} = \tilde{B}, \tag{6.42}$$

其中，

$$\tilde{A} = \begin{bmatrix} 0.4/0.8 + 1/0.9 + 0.6/1 & 0.5/0 + 1/0.1 + 0.6/0.2 \\ 0.3/0.5 + 1/0.6 + 0.7/0.7 & 0.2/0.5 + 1/0.6 + 0.6/0.7 \\ 0.5/0 + 1/0.1 + 0.6/0.2 & 0.5/0.8 + 1/0.9 + 0.7/1 \end{bmatrix};$$

$$\tilde{X} = \begin{bmatrix} \frac{f_{11}^1}{x_{11}^1} + \frac{1}{x_{11}^2} + \frac{f_{11}^3}{x_{11}^3} & \frac{f_{12}^1}{x_{12}^1} + \frac{1}{x_{12}^2} + \frac{f_{12}^3}{x_{12}^3} & \frac{f_{13}^1}{x_{13}^1} + \frac{1}{x_{13}^2} + \frac{f_{13}^3}{x_{13}^3} \\ \frac{f_{21}^1}{x_{21}^1} + \frac{1}{x_{21}^2} + \frac{f_{21}^3}{x_{21}^3} & \frac{f_{22}^1}{x_{22}^1} + \frac{1}{x_{22}^2} + \frac{f_{22}^3}{x_{22}^3} & \frac{f_{23}^1}{x_{23}^1} + \frac{1}{x_{23}^2} + \frac{f_{23}^3}{x_{23}^3} \\ \frac{f_{31}^1}{x_{31}^1} + \frac{1}{x_{31}^2} + \frac{f_{31}^3}{x_{31}^3} & \frac{f_{32}^1}{x_{32}^1} + \frac{1}{x_{32}^2} + \frac{f_{32}^3}{x_{32}^3} & \frac{f_{33}^1}{x_{33}^1} + \frac{1}{x_{33}^2} + \frac{f_{33}^3}{x_{33}^3} \\ \frac{f_{41}^1}{x_{41}^1} + \frac{1}{x_{41}^2} + \frac{f_{41}^3}{x_{41}^3} & \frac{f_{42}^1}{x_{42}^1} + \frac{1}{x_{42}^2} + \frac{f_{42}^3}{x_{42}^3} & \frac{f_{43}^1}{x_{43}^1} + \frac{1}{x_{43}^2} + \frac{f_{43}^3}{x_{43}^3} \end{bmatrix};$$

$$\tilde{B} = \begin{bmatrix} 0.4/0.4 + 1/0.5 + 0.7/0.6 \\ 0.4/0.4 + 1/0.5 + 0.7/0.6 \\ 0.5/0 + 1/0.1 + 0.6/0.2 \\[4pt] 0.3/0.6 + 1/0.7 + 0.5/0.8 \\ 0.3/0.5 + 1/0.6 + 0.7/0.7 \\ 0.5/0.1 + 1/0.2 + 0.7/0.3 \\[4pt] 0.8/0.8 + 1/0.9 + 0.5/1 \\ 0.2/0.5 + 1/0.6 + 0.7/0.7 \\ 0.6/0.7 + 1/0.8 + 0.4/0.9 \end{bmatrix}.$$

方程 (6.42) 是 3 元对称值 Type-2 模糊逻辑关系方程。下面是利用上述算法对其求解的详细过程。

步骤 1　建立方程 (6.42) 的主子方程

$$\tilde{A}_p \circ \tilde{X}_p = \tilde{B}_p, \tag{6.43}$$

其中,

$$\tilde{A}_p = \begin{bmatrix} 0.3 & 0.5 & 0.8 & 0.9 \\ 0.4 & 0.2 & 0.6 & 0.7 \\ 0.5 & 0.9 & 0.1 & 0.2 \end{bmatrix};$$

$$\tilde{X}_p = \begin{bmatrix} x_{11}^2 & x_{12}^2 & x_{13}^2 \\ x_{21}^2 & x_{22}^2 & x_{23}^2 \\ x_{31}^2 & x_{32}^2 & x_{33}^2 \\ x_{41}^2 & x_{42}^2 & x_{43}^2 \end{bmatrix};$$

$$\tilde{B}_p = \begin{bmatrix} 0.7 & 0.5 & 0.9 \\ 0.6 & 0.3 & 0.7 \\ 0.2 & 0.9 & 0.2 \end{bmatrix}.$$

利用 Type-1 模糊逻辑关系方程的代数解法, 可求得方程 (6.43) 解的第一列有 23 种取值:

$$\tilde{X}_{p1}^1 = [0.2, 0.2, 0.7, 0.6], \quad \tilde{X}_{p1}^2 = [0.2, 0.2, 0.7, 0.5],$$

$$\tilde{X}_{p1}^3 = [0.2, 0.2, 0.7, 0.4], \quad \tilde{X}_{p1}^4 = [0.2, 0.2, 0.7, 0.3],$$

$$\tilde{X}_{p1}^5 = [0.2, 0.2, 0.7, 0.2], \quad \tilde{X}_{p1}^6 = [0.2, 0.2, 0.7, 0.1],$$

$$\tilde{X}_{p1}^7 = [0.2, 0.1, 0.7, 0.6], \quad \tilde{X}_{p1}^8 = [0.2, 0.1, 0.7, 0.5],$$

$$\tilde{X}_{p1}^9 = [0.2, 0.1, 0.7, 0.4], \quad \tilde{X}_{p1}^{10} = [0.2, 0.1, 0.7, 0.3],$$

$$\tilde{X}_{p1}^{11} = [0.2, 0.1, 0.7, 0.2], \quad \tilde{X}_{p1}^{12} = [0.2, 0.1, 0.7, 0.1],$$

$$\tilde{X}_{p1}^{13} = [0.1, 0.2, 0.7, 0.6], \quad \tilde{X}_{p1}^{14} = [0.1, 0.2, 0.7, 0.5],$$

$$\tilde{X}_{p1}^{15} = [0.1, 0.2, 0.7, 0.4], \quad \tilde{X}_{p1}^{16} = [0.1, 0.2, 0.7, 0.3],$$

$$\tilde{X}_{p1}^{17} = [0.1, 0.2, 0.7, 0.2], \quad \tilde{X}_{p1}^{18} = [0.1, 0.2, 0.7, 0.1],$$

$$\tilde{X}_{p1}^{19} = [0.1, 0.1, 0.7, 0.6], \quad \tilde{X}_{p1}^{20} = [0.1, 0.1, 0.7, 0.5],$$

$$\tilde{X}_{p1}^{21} = [0.1, 0.1, 0.7, 0.4], \quad \tilde{X}_{p1}^{22} = [0.1, 0.1, 0.7, 0.3],$$

$$\tilde{X}_{p1}^{23} = [0.1, 0.1, 0.7, 0.2].$$

利用相同的方法, 可得方程 (6.43) 解的第二列有 19 种取值:

$$\tilde{X}_{p2}^1 = [0.3, 0.9, 0.3, 0.3], \quad \tilde{X}_{p2}^2 = [0.3, 0.9, 0.3, 0.2],$$

$$\tilde{X}_{p2}^3 = [0.3, 0.9, 0.3, 0.1], \quad \tilde{X}_{p2}^4 = [0.3, 0.9, 0.2, 0.3],$$

$$\tilde{X}_{p2}^5 = [0.3, 0.9, 0.2, 0.2], \quad \tilde{X}_{p2}^6 = [0.3, 0.9, 0.2, 0.1],$$

$$\tilde{X}_{p2}^7 = [0.3, 0.9, 0.1, 0.3], \quad \tilde{X}_{p2}^8 = [0.3, 0.9, 0.1, 0.2],$$

$$\tilde{X}_{p2}^9 = [0.3, 0.9, 0.1, 0.1], \quad \tilde{X}_{p2}^{10} = [0.2, 0.9, 0.3, 0.3],$$

$$\tilde{X}_{p2}^{11} = [0.2, 0.9, 0.3, 0.2], \quad \tilde{X}_{p2}^{12} = [0.2, 0.9, 0.3, 0.1],$$

$$\tilde{X}_{p2}^{13} = [0.2, 0.9, 0.2, 0.3], \quad \tilde{X}_{p2}^{14} = [0.2, 0.9, 0.1, 0.3],$$

$$\tilde{X}_{p2}^{15} = [0.1, 0.9, 0.3, 0.3], \quad \tilde{X}_{p2}^{16} = [0.1, 0.9, 0.3, 0.2],$$

$$\tilde{X}_{p2}^{17} = [0.1, 0.9, 0.3, 0.1], \quad \tilde{X}_{p2}^{18} = [0.1, 0.9, 0.2, 0.3],$$

$$\tilde{X}_{p2}^{19} = [0.1, 0.9, 0.1, 0.3].$$

第三列有 36 种取值:

$$\tilde{X}_{p3}^1 = [0.2, 0.2, 0.9, 0.9], \quad \tilde{X}_{p3}^2 = [0.2, 0.2, 0.8, 0.9],$$

$$\tilde{X}_{p3}^3 = [0.2, 0.2, 0.7, 0.9], \quad \tilde{X}_{p3}^4 = [0.2, 0.2, 0.6, 0.9],$$

$$\tilde{X}_{p3}^5 = [0.2, 0.2, 0.5, 0.9], \quad \tilde{X}_{p3}^6 = [0.2, 0.2, 0.4, 0.9],$$

$$\tilde{X}_{p3}^7 = [0.2, 0.2, 0.3, 0.9], \quad \tilde{X}_{p3}^8 = [0.2, 0.2, 0.2, 0.9],$$

$$\tilde{X}_{p3}^9 = [0.2, 0.2, 0.1, 0.9], \quad \tilde{X}_{p3}^{10} = [0.2, 0.1, 0.9, 0.9],$$

$$\tilde{X}_{p3}^{11} = [0.2, 0.1, 0.8, 0.9], \quad \tilde{X}_{p3}^{12} = [0.2, 0.1, 0.7, 0.9],$$

$$\tilde{X}_{p3}^{13} = [0.2, 0.1, 0.6, 0.9], \quad \tilde{X}_{p3}^{14} = [0.2, 0.1, 0.5, 0.9],$$

$$\tilde{X}_{p3}^{15} = [0.2, 0.1, 0.4, 0.9], \quad \tilde{X}_{p3}^{16} = [0.2, 0.1, 0.3, 0.9],$$

$$\tilde{X}_{p3}^{17} = [0.2, 0.1, 0.2, 0.9], \quad \tilde{X}_{p3}^{18} = [0.2, 0.1, 0.1, 0.9],$$

$$\tilde{X}_{p3}^{19} = [0.1, 0.2, 0.9, 0.9], \quad \tilde{X}_{p3}^{20} = [0.1, 0.2, 0.8, 0.9],$$

$$\tilde{X}_{p3}^{21} = [0.1, 0.2, 0.7, 0.9], \quad \tilde{X}_{p3}^{22} = [0.1, 0.2, 0.6, 0.9],$$

$$\tilde{X}_{p3}^{23} = [0.1, 0.2, 0.5, 0.9], \quad \tilde{X}_{p3}^{24} = [0.1, 0.2, 0.4, 0.9],$$

$$\tilde{X}_{p3}^{25} = [0.1, 0.2, 0.3, 0.9], \quad \tilde{X}_{p3}^{26} = [0.1, 0.2, 0.2, 0.9],$$

$$\tilde{X}_{p3}^{27} = [0.1, 0.2, 0.1, 0.9], \quad \tilde{X}_{p3}^{28} = [0.1, 0.1, 0.9, 0.9],$$

$$\tilde{X}_{p3}^{29} = [0.1, 0.1, 0.8, 0.9], \quad \tilde{X}_{p3}^{30} = [0.1, 0.1, 0.7, 0.9],$$

$$\tilde{X}_{p3}^{31} = [0.1, 0.1, 0.6, 0.9], \quad \tilde{X}_{p3}^{32} = [0.1, 0.1, 0.5, 0.9],$$

$$\tilde{X}_{p3}^{33} = [0.1, 0.1, 0.4, 0.9], \quad \tilde{X}_{p3}^{34} = [0.1, 0.1, 0.3, 0.9],$$

$$\tilde{X}_{p3}^{35} = [0.1, 0.1, 0.2, 0.9], \quad \tilde{X}_{p3}^{36} = [0.1, 0.1, 0.1, 0.9].$$

因此, 在 9 值逻辑域内得到了方程 (6.43) 的所有解: 解的第一列有 23 种情况, 第二列有 19 种情况, 第三列有 36 种情况。其中, 最大解为

$$\tilde{X}^* = \begin{bmatrix} 0.2 & 0.3 & 0.2 \\ 0.2 & 0.9 & 0.2 \\ 0.7 & 0.3 & 0.9 \\ 0.6 & 0.3 & 0.9 \end{bmatrix},$$

较小解为

$$\tilde{X}_* = \begin{bmatrix} 0.1 & 0.1 & 0.1 \\ 0.1 & 0.9 & 0.1 \\ 0.7 & 0.1 & 0.1 \\ 0.2 & 0.3 & 0.9 \end{bmatrix},$$

一个普通的解为

$$\tilde{X} = \begin{bmatrix} 0.2 & 0.2 & 0.1 \\ 0.1 & 0.9 & 0.2 \\ 0.7 & 0.3 & 0.7 \\ 0.3 & 0.1 & 0.9 \end{bmatrix}.$$

步骤 2　由于方程 (6.42) 是对称值模糊逻辑关系方程，方程 (6.43) 的每一个解都确定了方程 (6.42) 的一个次子矩阵。以最大解 $\tilde{X}^*$ 为例，$\tilde{X}$ 可部分确定为

$$\tilde{X} = \begin{bmatrix} \dfrac{f_{11}^1}{0.1} + \dfrac{1}{0.2} + \dfrac{f_{11}^3}{0.3} & \dfrac{f_{12}^1}{0.2} + \dfrac{1}{0.3} + \dfrac{f_{12}^3}{0.4} & \dfrac{f_{13}^1}{0.1} + \dfrac{1}{0.2} + \dfrac{f_{13}^3}{0.3} \\[3mm] \dfrac{f_{21}^1}{0.1} + \dfrac{1}{0.2} + \dfrac{f_{21}^3}{0.3} & \dfrac{f_{22}^1}{0.8} + \dfrac{1}{0.9} + \dfrac{f_{22}^3}{1} & \dfrac{f_{23}^1}{0.1} + \dfrac{1}{0.2} + \dfrac{f_{23}^3}{0.3} \\[3mm] \dfrac{f_{31}^1}{0.6} + \dfrac{1}{0.7} + \dfrac{f_{31}^3}{0.8} & \dfrac{f_{32}^1}{0.2} + \dfrac{1}{0.3} + \dfrac{f_{32}^3}{0.4} & \dfrac{f_{33}^1}{0.8} + \dfrac{1}{0.9} + \dfrac{f_{33}^3}{1} \\[3mm] \dfrac{f_{41}^1}{0.5} + \dfrac{1}{0.6} + \dfrac{f_{41}^3}{0.7} & \dfrac{f_{42}^1}{0.2} + \dfrac{1}{0.3} + \dfrac{f_{42}^3}{0.4} & \dfrac{f_{43}^1}{0.8} + \dfrac{1}{0.9} + \dfrac{f_{43}^3}{1} \end{bmatrix}. \tag{6.44}$$

步骤 3　求解 $\tilde{X}$ 的隶属度。将式 (6.42) 中 $\tilde{X}$ 的第一列展开 (利用推论 6.2~推论 6.4，将会简化计算过程)，可得

$$\begin{cases} \dfrac{f_{31}^1}{0.6} + \dfrac{1}{0.7} + \dfrac{f_{31}^3}{0.8} = \dfrac{0.7}{0.6} + \dfrac{1}{0.7} + \dfrac{0.6}{0.8}, \\[3mm] \dfrac{0.6 \wedge f_{41}^1}{0.5} + \dfrac{1}{0.6} + \dfrac{0.6 \vee f_{41}^3}{0.7} = \dfrac{0.6}{0.5} + \dfrac{1}{0.6} + \dfrac{0.6}{0.7}, \\[3mm] \dfrac{(0.9 \wedge f_{11}^1) \wedge f_{21}^1}{0.1} + \dfrac{1}{0.2} + \dfrac{0.7 \vee (f_{11}^3 \vee f_{21}^3)}{0.3} = \dfrac{0.9}{0.1} + \dfrac{1}{0.2} + \dfrac{0.7}{0.3}. \end{cases} \tag{6.45}$$

根据式 (6.45)，可得方程组

$$\begin{cases} f_{31}^1 = 0.7, \\ f_{31}^3 = 0.6, \\ 0.6 \wedge f_{41}^1 = 0.6, \\ 0.6 \vee f_{41}^3 = 0.6, \\ (0.9 \wedge f_{11}^1) \wedge f_{21}^1 = 0.9, \\ (0.7 \vee f_{11}^3) \vee f_{21}^3 = 0.7. \end{cases} \tag{6.46}$$

解方程组 (6.46) 可得

$$
\begin{cases}
f_{31}^1 = 0.7, \\
f_{31}^3 = 0.6, \\
f_{41}^1 \geqslant 0.6, \\
f_{41}^3 \leqslant 0.6, \\
\min\{f_{11}^1, f_{21}^1\} \geqslant 0.9, \\
\max\{f_{11}^3, f_{21}^3\} \leqslant 0.7.
\end{cases}
$$

注 6.5 (1) 值得注意的是, 方程 (6.45) 可能无解。例如, 如果在式 (6.42) 中, $\tilde{B}$ 中的 b_{21} 为 $\dfrac{0.8}{0.5} + \dfrac{1}{0.6} + \dfrac{0.7}{0.7}$, 则方程 (6.45) 无解。

(2) 如果方程 (6.45) 过于复杂而不能直接给出解, 那么就要借助 Type-1 模糊逻辑关系方程的代数解法对其进行求解。

类似地, 可以得到 $\tilde{X}$ 第二列和第三列的隶属度分别为

$$
\begin{cases}
f_{12}^1 = 0.6, \\
f_{12}^3 = 0.8, \\
0.8 \leqslant f_{22}^1 \leqslant 1, \\
0.6 \leqslant f_{22}^3 \leqslant 1, \\
0 \leqslant f_{32}^1、f_{32}^3 \leqslant 1, \\
0 \leqslant f_{42}^1、f_{42}^3 \leqslant 1
\end{cases}
$$

和

$$
\begin{cases}
f_{43}^3 \leqslant 0.7, \\
0 \leqslant f_{33}^1、f_{33}^3、f_{43}^1 \leqslant 1, \\
\min\{f_{13}^1, f_{23}^1\} = 0.8, \\
0 \leqslant \max\{f_{13}^3, f_{23}^3\} \leqslant 0.7.
\end{cases}
$$

现在, 对于最大主元解 $\tilde{X}^*$ 得到了方程 (6.42) 的所有解。其他的解可由相同的方法求出。例如, 最大解为

$$\tilde{X}^* = \begin{bmatrix} \dfrac{0.9}{0.1} + \dfrac{1}{0.2} + \dfrac{0.7}{0.3} & \dfrac{0.6}{0.2} + \dfrac{1}{0.3} + \dfrac{0.8}{0.4} & \dfrac{0.8}{0.1} + \dfrac{1}{0.2} + \dfrac{0.7}{0.3} \\[2mm] \dfrac{0.9}{0.1} + \dfrac{1}{0.2} + \dfrac{0.7}{0.3} & \dfrac{0.9}{0.8} + \dfrac{1}{0.9} + \dfrac{0.9}{1} & \dfrac{0.9}{0.1} + \dfrac{1}{0.2} + \dfrac{0.7}{0.3} \\[2mm] \dfrac{0.7}{0.6} + \dfrac{1}{0.7} + \dfrac{0.6}{0.8} & \dfrac{0.9}{0.2} + \dfrac{1}{0.3} + \dfrac{0.9}{0.4} & \dfrac{0.9}{0.8} + \dfrac{1}{0.9} + \dfrac{0.9}{1} \\[2mm] \dfrac{0.9}{0.5} + \dfrac{1}{0.6} + \dfrac{0.6}{0.7} & \dfrac{0.9}{0.2} + \dfrac{1}{0.3} + \dfrac{0.9}{0.4} & \dfrac{0.9}{0.8} + \dfrac{1}{0.9} + \dfrac{0.7}{1} \end{bmatrix},$$

一个较小解为

$$\tilde{X}_* = \begin{bmatrix} \dfrac{0.1}{0} + \dfrac{1}{0.1} + \dfrac{0.1}{0.2} & \dfrac{0.1}{0} + \dfrac{1}{0.1} + \dfrac{0.1}{0.2} & \dfrac{0.1}{0} + \dfrac{1}{0.1} + \dfrac{0.1}{0.2} \\[2mm] \dfrac{0.1}{0} + \dfrac{1}{0.1} + \dfrac{0.1}{0.2} & \dfrac{0.1}{0.8} + \dfrac{1}{0.9} + \dfrac{0.6}{1} & \dfrac{0.1}{0} + \dfrac{1}{0.1} + \dfrac{0.1}{0.2} \\[2mm] \dfrac{0.7}{0.6} + \dfrac{1}{0.7} + \dfrac{0.6}{0.8} & \dfrac{0.1}{0} + \dfrac{1}{0.1} + \dfrac{0.1}{0.2} & \dfrac{0.1}{0} + \dfrac{1}{0.1} + \dfrac{0.1}{0.2} \\[2mm] \dfrac{0.1}{0.1} + \dfrac{1}{0.2} + \dfrac{0.7}{0.3} & \dfrac{0.6}{0.2} + \dfrac{1}{0.3} + \dfrac{0.8}{0.4} & \dfrac{0.1}{0.8} + \dfrac{1}{0.9} + \dfrac{0.1}{1} \end{bmatrix},$$

一个普通解为

$$\tilde{X} = \begin{bmatrix} \dfrac{0.9}{0.1} + \dfrac{1}{0.2} + \dfrac{0.4}{0.3} & \dfrac{0.6}{0.1} + \dfrac{1}{0.2} + \dfrac{0.3}{0.3} & \dfrac{0.4}{0} + \dfrac{1}{0.1} + \dfrac{0.8}{0.2} \\[2mm] \dfrac{0.5}{0} + \dfrac{1}{0.1} + \dfrac{0.8}{0.2} & \dfrac{0.7}{0.8} + \dfrac{1}{0.9} + \dfrac{0.9}{1} & \dfrac{0.6}{0.1} + \dfrac{1}{0.2} + \dfrac{0.2}{0.3} \\[2mm] \dfrac{0.7}{0.6} + \dfrac{1}{0.7} + \dfrac{0.6}{0.8} & \dfrac{0.6}{0.2} + \dfrac{1}{0.3} + \dfrac{0.8}{0.4} & \dfrac{0.8}{0.6} + \dfrac{1}{0.7} + \dfrac{0.8}{0.8} \\[2mm] \dfrac{0.6}{0.2} + \dfrac{1}{0.3} + \dfrac{0.3}{0.4} & \dfrac{0.7}{0} + \dfrac{1}{0.1} + \dfrac{0.4}{0.2} & \dfrac{0.4}{0.8} + \dfrac{1}{0.9} + \dfrac{0.7}{1} \end{bmatrix}.$$

注 6.6　找到 Type-2 模糊逻辑关系方程的所有解, 对设计 Type-2 模糊逻辑控制器非常有用, 因为这些解提供了寻求最优解的可能 (即这些解包含了最优解), 或者当无解时这些解提供了无解的原因, 进而对控制器的设计进行改进。

6.5　本章小结

Type-2 模糊关系是 Type-1 模糊关系的推广, 正如 Type-1 模糊关系在 Type-1 模糊控制系统中的重要性, Type-2 模糊关系在 Type-2 模糊控制系统中处于基础性的地位。在 Type-2 模糊控制系统中，模糊控制器实质上是一个 Type-2 模糊逻辑关系。因此，求解 Type-2 模糊逻辑关系方程，在模糊控制器的设计中显得尤为重要。

本章讨论了 Type-2 模糊逻辑关系方程的求解方法，回顾了 Type-2 模糊关系与 Type-2 模糊逻辑关系方程的相关知识；介绍了如何从 Type-1 模糊关系推广到 Type-2 模糊关系、Type-2 模糊关系的合成及运算等。这是建立 Type-2 模糊逻辑关系方程的基础，也是对其进行求解的前提。此外，作为求解 Type-2 模糊逻辑关系方程的基础，本章简要概括了利用逻辑动态系统代数状态空间法求解 Type-1 模糊逻辑关系方程的代数方法。在此基础上，给出两类 Type-2 模糊逻辑关系方程的求解方法，一类是对于一般的 Type-2 模糊逻辑关系方程，给出了解的理论描述，但计算较为复杂；另一类是针对实际问题中常用的对称值 Type-2 模糊逻辑关系方程，给出了相对简单可行的求解方法。这些求解方法，有助于对 Type-2 模糊控制器的设计工作进行优化。

第 7 章　图的控制集与内稳定集的代数求法

7.1　引　　言

图作为一种常用的数学模型，成功地对许多现实世界的实际问题进行了建模与分析 [66]。目前，在物理学、化学、通信科学、计算机技术、基因网络和社会科学等领域得到了广泛的应用。许多数学分支，如群论、矩阵理论、概率论和拓扑学等，与图论有交叉关系 [118]。在系统科学领域，图论为包含二元关系的动态系统 (如逻辑系统等) 提供了数学分析手段 [68,119]。计算机计算能力的不断提高，使得离散数学的应用领域得到了极大的拓展。图论是离散数学的重要分支，在工程与科学领域有着广泛的应用，相应地，近年来也有非常快的发展，尤其是对离散结构的数字化技术有非常大的需求，促使图的控制理论成为图论中发展最快的分支，也是目前图论领域研究的热点问题。

控制集，也称为支配集，是图的一种顶点子集。图中的每个点都与该子集内的某个或者某些点有邻居关系。如果把图中的边看作实际问题中的对象具有某种关系，那么控制集对图中所有的点实现了 "控制"。对于实际问题，控制集中的对象能够对其他所有对象实现控制。例如，街道安全监控系统，为了最合理、最节约地配置监控设备，就需要在 "控制集" 内的地点安装监控设备。当然，在能够监控到所有街道的前提下，安装的监控设备越少越好，这就是最小控制集问题。

内稳定集，也是图的一种顶点子集。内稳定集内的任意两个点之间没有边存在。把边抽象看作实际问题中对象之间的某种关系，内稳定集就是找到某个问题中不具有这种关系的对象的集合。例如，通信系统中信息传递的问题，由于传输信道上的噪声干扰，发出设备发出的信息在接收设备上难免会出现错译的情况。这就要求在发出信息 (通常是一些字母) 的集合中，找到经传输后不会错译的信息单元。这就可以用图的内稳定集问题建模，实际中，总希望找到尽可能多的互不错译的信息单元，此即图的最大内稳定集问题。

对实际中的一些问题进行优化，或者考虑到安全因素要求对图的这些概念进行扩展。例如，本章提出的 k-度控制集及 k-平衡控制集，是图控制集概念的扩展。在无线传感器网络中，为了加强网络的健康度，要求每个汇聚节点都与多于一个的关键节点相连，这就是图的 k-度控制集的概念。同时，为了延长网络的使用寿命，要求每个关键节点都承担相同的通信负担，即与相同个数的节点进行通信，这就是 k-平衡控制集的概念。k-内稳定集及 k-绝对最大内稳定集也是图内稳定集概念的推广。

本章利用逻辑动态系统代数状态空间法及矩阵的半张量积，对上述图的特殊顶点子集问题进行研究，并深入分析这些问题的性质，提出判断图的某个子集是上述子集的充分必要条件。另外，在这些条件的基础上，建立了寻找所有这些顶点子集的算法，目前很少有文献进行这方面的研究。本章这些结论及算法为图论在实际问题中的应用提供了理论及技术上的支持。

7.2 求解图的控制集

图 G 由集合 V 和 E 组成，V 是有限对象的非空集合，这些对象称为顶点；E 是 V 的二元子集，每个二元称为边，V 和 E 分别称为顶点集和边集。因此，图 G 是集合 V 和 E 的一个有序对，记作 $G = (V, E)$。有时，用符号 $V(G)$ 和 $E(G)$ 代替符号 V 和 E 来强调两者分别是某个图 G 的顶点集和边集。对于图 $G = (V, E)$，$V = \{v_1, v_2, \cdots, v_n\}$，如果 $e_{ij} = (v_i, v_j) \in E$ 蕴含 $e_{ji} = (v_j, v_i) \in E$，则 G 称为无向图，否则称为有向图。如果 $(v_j, v_i) \in E$，则称顶点 v_j 是顶点 v_i 的邻居。特别地，本书假定顶点 v_i 是自己的邻居。顶点 v_i 的邻居集记为

$$N(v_i) = \{v_j \in V | (v_j, v_i) \in E\}.$$

定义 7.1 [66] 如果 G 中的每个顶点都由 S 中的点控制 (或支配)，那么 S 称为 G 的控制集 (或支配集，dominating set)。等价地讲，如果 $V(G)$-S 中的每个顶点都与 S 中的点相邻，那么 S 称为 G 的控制集。图 G 的最小控制集 (minimum control set) 是具有最小势的控制集，最小控制集的势称为图 G 的控制数，记为 $\gamma(G)$。

注 7.1 从函数的观点来看，上述定义也可等价地定义如下。设图 $G = (V, E)$，如果对于任意的 $u \in V$ 有 $\displaystyle\sum_{v \in N(u)} f(v) \geqslant 1$，那么二值函数 $f : V \to \{0, 1\}$ 称为图 G

的控制函数。图 G 的控制数定义为 $\gamma(G) = \min\{f(v)|f$ 是图 G 的控制函数$\}$。

在本章中，对于给定的图 $G = (V, E)$，称顶点 v_i 能够控制顶点 v_j(或者说顶点 v_j 可由顶点 v_i 控制)，当且仅当存在至少一个从 v_i 到 v_j 的边。对于无向图，顶点 v_i 能够控制顶点 v_j，蕴含顶点 v_j 能够控制顶点 v_i。自然地，假定顶点 v_i 能够控制自身。如果存在顶点 $v_i \in D$ 使得 v_i 能够控制顶点 v_j，那么称 V 的子集 D 能够控制顶点 v_j。

注 7.2   从定义 7.1 可以看出，顶点之间 "控制" 的概念相似于顶点之间 "邻居" 的概念。确切地讲，顶点 v_i 能够控制顶点 v_j 等价于顶点 v_i 是顶点 v_j 的邻居。顶点 v_i 能够控制自身，对应于顶点 v_i 是自己的邻居。

在一些实际问题中，期望某些对象中的每个对象被其他某些对象控制相同的次数。例如，在街道安全监控系统中，期望以最少的监控设备来监控整个街道。但为了节约资源，有时要求街道的每个交叉口只由一个监控设备监控。还有一些实际问题，要求某些对象被控制多于一次。例如，在无线传感器网络中，一般要求每个关键节点有两个汇聚节点与其连接。这样，当某个汇聚节点出现故障时，可以保障网络的连通性。基于此，本书作者提出了 k-度控制集的概念。

此外，一些问题要求某些对象中的每个对象都控制相同个数的对象。例如，在无线传感器网络中，为了延长网络的寿命，每个汇聚节点应当承受均衡的通信负担。利用图论的语言，将这个问题抽象为图的 k-平衡控制集。本章的目的是利用逻辑动态系统代数状态空间法及矩阵的半张量积，找到图的所有控制集及内稳定集，包括控制集、k-度控制集、k-平衡控制集，以及 k-内稳定集与 k-绝对最大内稳定集等。

7.2.1 搜索图的控制集

考虑具有 n 个节点 $V = \{v_1, v_2, \cdots, v_n\}$ 的图 G。G 的邻接矩阵 (adjacency matrix)，记为 $B = [b_{ij}]$，定义为

$$b_{ij} = \begin{cases} 1, & v_i \in N(v_j), \\ 0, & v_i \notin N(v_j). \end{cases} \tag{7.1}$$

G 的单式邻接矩阵 (unitary adjacency matrix)，记为 $A = [a_{ij}]$，定义为

$$a_{ij} = \begin{cases} 1, & i = j, \\ b_{ij}, & i \neq j. \end{cases} \tag{7.2}$$

由式 (7.1) 和式 (7.2) 容易看出:

$$a_{ij} = b_{ij} \vee \delta_{ij} \tag{7.3}$$

其中, $\vee$ 是逻辑乘算子; δ_{ij} 是克罗内克 (Kronecker) 符号, 即

$$\delta_{ij} = \begin{cases} 1, & i = j, \\ 0, & i \neq j. \end{cases}$$

因此, 有 $A = B \vee I_n$, 即 $a_{ij} = b_{ij} \vee I_n(ij)$。

对于给定的顶点子集 $S \subseteq V$, 定义其特征向量 $V_S = [x_1, x_2, \cdots, x_n]$ 为

$$x_i = \begin{cases} 1, & x_i \in S, \\ 0, & x_i \notin S. \end{cases} \tag{7.4}$$

令 $y_i = [x_i, 1 - x_i]^{\mathrm{T}}$, $i = 1, 2, \cdots, n$。定义

$$Y_S = \ltimes_{i=1}^n y_i. \tag{7.5}$$

注 7.3　由于每个 y_i 可通过计算 $y_i = S_i^n \ltimes Y_S$ 唯一得到, 所以 Y_S 和 V_S 互相唯一确定。S_i^n 如式 (7.15) 所示, 即 Y_S 和 V_S 之间存在一一映射关系, 因此 Y_S 也可看成顶点子集 S 的特征向量。从而, 只要知道 Y_S 或 V_S, 即可求得顶点子集 S。

定理 7.1　考虑图 $G = (V, E)$, 其单式邻接矩阵为 $A = [a_{ij}]$。设 $V_S = [x_1, x_2, \cdots, x_n]$ 是顶点子集 $S \subseteq V$ 的特征向量, 那么 S 是 G 的控制集当且仅当

$$\sum_{j=1}^n a_{ij} x_j \geqslant 1, \quad i = 1, 2, \cdots, n. \tag{7.6}$$

证明　子集 S 控制顶点 v_j 意味着存在至少一个顶点 $v_i \in S$ 能够控制 v_j。类似地, 如果只存在一个 $v_i \in S$ 能够控制顶点 v_j, 那么称 S 控制顶点 v_j 只一次 (或者说顶点 v_j 被 S 只控制一次)。为证明定理 7.1, 先证明下列结论。

设 S 是图 G 的顶点子集, 其特征向量为 $V_S = [x_1, x_2, \cdots, x_n]$, 并设图 G 的单式邻接矩阵为 $A = [a_{ij}]$。那么 S 控制顶点 $v_i \in V$ 只一次当且仅当

$$\sum_{j=1}^n a_{ij} x_j = 1. \tag{7.7}$$

(充分性) 由于 $a_{ij}x_j$ 只能取 0 或 1, 如果 $\sum\limits_{j=1}^{n} a_{ij}x_j = 1$, 那么存在唯一的 $j \in \{1,2,\cdots,n\}$ 使得

$$a_{ij}x_j = 1.$$

此外, a_{ij} 和 x_j 也只能取 0 或 1, 由 $a_{ij}x_j = 1$ 可知 $a_{ij} = 1$ 和 $x_j = 1$。其中, $a_{ij} = 1$ 保证了顶点 v_j 能够控制顶点 v_i, 而 $x_j = 1$ 说明顶点 v_j 属于集合 S。

由 j 的唯一性可知, S 控制顶点 $v_i \in V$ 只一次。充分性得证。

(必要性) 先证明顶点 $v_j \in S$ 控制顶点 $v_i \in V$ 等价于 $a_{ij}x_j = 1$。

因为 $v_j \in S$ 意味着 $x_j = 1$, 所以有

$$a_{ij}x_j = 1$$

等价于

$$a_{ij} = 1.$$

而 $a_{ij} = 1$ 说明顶点 v_j 能够控制顶点 v_i。

如果 S 控制顶点 $v_i \in V$ 只一次, 即只有唯一的 $v_j \in S$ 能够控制顶点 v_i, 由于顶点 $v_j \notin S$ 意味着 $x_j = 0$, 可知只有唯一的 $j \in \{1,2,\cdots,n\}$ 使得

$$a_{ij}x_j = 1.$$

从而有

$$\sum_{j=1}^{n} a_{ij}x_j = 1.$$

必要性得证。

从以上证明容易看出, S 能够控制顶点 $v_i \in V$ 当且仅当

$$\sum_{j=1}^{n} a_{ij}x_j \geqslant 1. \tag{7.8}$$

现在, 继续证明定理 7.1。注意到, S 是图 G 的控制集意味着 S 能够控制图 G 的所有顶点 (顶点 v_i 能够控制自身), 即 S 能够控制顶点 $v_i(i=1,2,\cdots,n)$。由式 (7.8) 可知, S 是图 G 的控制集等价于

$$\sum_{j=1}^{n} a_{ij}x_j \geqslant 1, \quad i = 1,2,\cdots,n.$$

因此，定理得证。

基于定理 7.1，利用矩阵的半张量积方法，可以得到以下判断给定图是否包含控制集的结论。

定理 7.2 *考虑图* $G = (V, E)$, $V = \{v_1, v_2, \cdots, v_n\}$, *其单式邻接矩阵为* $A^{[k]} = [a_{ij}^{[k]}]$。 G *含有控制集当且仅当存在* $j(1 \leqslant j \leqslant 2^n)$ *使得*

$$\text{col}_j(M) = 0_n, \tag{7.9}$$

其中，

$$M = \begin{bmatrix} M_1 \\ M_2 \\ \vdots \\ M_n \end{bmatrix};$$

$$M_i = J \ltimes \sum_{i=1}^{n}(a_{ij}Q_j), \quad i = 1, 2, \cdots, n;$$

$$J = [1 \ \ 0];$$

$$Q_j = (E_{\text{d\_latter}})^{n-j} \ltimes W_{[2, 2^{n-j}]} \ltimes (E_{\text{d\_latter}})^{j-1};$$

$$E_{\text{d\_latter}}(m, n) = [\underbrace{I_n, \cdots, I_n}_{m}].$$

证明 假设图 G 包含控制集 S, 设 S 的特征向量为 $V_S = [x_1, x_2, \cdots, x_n]$。由定理 7.1 可知

$$\sum_{j=1}^{n} a_{ij}^{[k]} x_i x_j = 0, \quad i = 1, 2, \cdots, n. \tag{7.10}$$

定义 $y_i = [x_i, 1 - x_i]^{\text{T}}$, $j = 1, 2, \cdots, n$。由向量的半张量积运算可得

$$y_j = (E_{\text{d\_latter}})^{n-j} \ltimes y_{j+1} \ltimes y_{j+2} \ltimes \cdots \ltimes y_n \ltimes y_j$$

$$= (E_{\text{d\_latter}})^{n-j} \ltimes W_{[2, 2^{n-j}]} \ltimes y_j \ltimes y_{j+1} \ltimes \cdots \ltimes y_n$$

$$= (E_{\text{d\_latter}})^{n-j} \ltimes W_{[2, 2^{n-j}]} \ltimes (E_{\text{d\_latter}})^{j-1} \ltimes y_1 \ltimes \cdots \ltimes y_n$$

$$:= Q_j \ltimes Y_S,$$

其中，

$$Q_j = (E_{\text{d\_latter}})^{n-j} \ltimes W_{[2, 2^{n-j}]} \ltimes (E_{\text{d\_latter}})^{j-1}.$$

显然,

$$x_j = J \ltimes y_j,$$

$$a_{ij}x_j = a_{ij}J \ltimes y_j$$

$$= a_{ij}J \ltimes Q_j \ltimes Y_S.$$

从而有

$$\sum_{j=1}^{n} a_{ij}x_j = J \ltimes \sum_{j=1}^{n} a_{ij}Q_j \ltimes Y_S$$

$$:= M_i \ltimes Y_S,$$

其中,

$$M_i = J \ltimes \sum_{j=1}^{n} a_{ij}Q_j.$$

因此, 对于 $i \in \{1, 2, \cdots, n\}$, 下列命题彼此等价。

(1) $\sum_{j=1}^{n} a_{ij}x_j \geqslant 1$。

(2) $M_i \ltimes Y_S \geqslant 1$。

(3) M_i 的某一列为 1。

(4) 存在 $1 \leqslant j \leqslant 2^n$ 使得

$$\text{col}_j(M_i) \geqslant 1.$$

此外, 为了便于问题的理解, 可以经式 (7.10) 展开为方程组的形式, 即式 (7.10) 等价于下列方程组

$$\begin{cases} \sum_{j=1}^{n} a_{1j}x_j \geqslant 1, \\ \sum_{j=1}^{n} a_{2j}x_j \geqslant 1, \\ \quad \vdots \\ \sum_{j=1}^{n} a_{nj}x_j \geqslant 1. \end{cases} \tag{7.11}$$

由此, 显然该方程组有解 $[x_1, x_2, \cdots, x_n]$ 当且仅当存在 $j(1 \leqslant j \leqslant 2^n)$ 使得

$$\text{col}_j(M) \geqslant 1_n,$$

其中,

$$
M = \begin{bmatrix} M_1 \\ M_2 \\ \vdots \\ M_n \end{bmatrix}.
$$

由式 (7.10) 与式 (7.11) 的等价性可知定理 7.2 成立。证毕。

定理 7.2 也可以表达为下列形式。

定理 7.3 考虑图 $G = (V, E)$,其单式邻接矩阵为 $A^{[k]} = [a_{ij}^{[k]}]$。对于给定的子集 $S \subseteq V$,设其特征向量为 $V_S = [x_1, x_2, \cdots, x_n]$,令 $Y_S = \ltimes_{i=1}^n y_i = \delta_{2^n}^k$,$y_i = [x_i, \overline{x}_i]^{\mathrm{T}}$。那么,$S$ 是 G 的控制集的充分必要条件为

$$
\mathrm{col}_k(M) \geqslant 1_n, \tag{7.12}
$$

其中,

$$
M = \begin{bmatrix} M_1 \\ M_2 \\ \vdots \\ M_n \end{bmatrix};
$$

$$
M_i = J \ltimes \sum_{j=1}^n a_{ij} Q_j \ltimes Y_S, \quad i = 1, 2, \cdots, n;
$$

$$
J = [1 \ 0];
$$

$$
Q_j = (E_{\mathrm{d\_latter}})^{n-j} \ltimes W_{[2, 2^{n-j}]} \ltimes (E_{\mathrm{d\_latter}})^{j-1}.
$$

证明 比较式 (7.12) 与式 (7.11) 可知,只需证明 M 的第 k 列大于或等于 1_n,即 M_i 的第 k 列大于或等于 1,$i = 1, 2, \cdots, n$。

由定理 7.2 的证明,可知

$$
M_i \ltimes Y_S \geqslant 1
$$

等价于

"存在 $1 \leqslant j \leqslant 2$ 使得 $\mathrm{col}_k(M_i) \geqslant 1$".

因此,只要表明 k 满足此条件即可。

事实上,M_i 和 Y_S 分别是维数为 1×2^n 和 $2^n \times 1$ 的向量。注意到,在这种情况下,矩阵的半张量积退化为矩阵的一般乘积。

因此, $M_i \ltimes Y_S$ 即 M_i 的第 k 列。

自然地, 有

$$M_i \ltimes Y_S \geqslant 1$$

等价于

$$\mathrm{col}_k(M_i) \geqslant 1.$$

定理得证。

由定理 7.3 的证明, 可直接得到以下推论。

推论 7.1　对于给定的图 $G = (V, E)$, $A = [a_{ij}]$ 为 G 的单式邻接矩阵。给每个顶点 $v_i \in V$ 分配一个特征变量 $x_i \in \mathscr{D}$, 并令 $y_i = [x_i, 1 - x_i]^{\mathrm{T}}$。那么, 图 G 包含控制集的充分必要条件是下列不等式有解:

$$M \ltimes_{i=1}^n y_i \geqslant 1_n. \tag{7.13}$$

另外, 解的个数正是图 G 包含控制集的个数。由注 7.3 可知, 每个解确定一个控制集。换句话说, 控制集的个数等于 M 中大于或等于 1_n 的列数。M 中等于 1_n 的列数对应于 G 中不能作为控制集的顶点子集的个数。

根据定理 7.2 和定理 7.3 以及推论 7.1 的证明, 可以建立寻找图的所有控制集的算法。

算法 7.1　对于给定的图 $G = (V, E)$, $A^{[k]} = [a_{ij}^{[k]}]$ 为 G 的单式邻接矩阵。给每个顶点 $v_i \in V$ 分配一个特征变量 $x_i \in \mathscr{D}$, 并令 $y_i = [x_i, 1 - x_i]^{\mathrm{T}}$。以下步骤可搜索到图 G 的所有控制集及所有最小控制集。

步骤 1　计算定理 7.3 中的矩阵 M。

步骤 2　检查 M 中是否有大于或等于 1_n 的列。若没有, 则 G 不含控制集, 算法结束; 否则, 令

$$K = \{i | \mathrm{col}_i(M) = 0_n\}. \tag{7.14}$$

步骤 3　对于 K 中的每个 l, 令 $\ltimes_{i=1}^n y_i = \delta_{2^n}^l$ 以及

$$\begin{cases} S_1^n = (E_{\mathrm{d}})^{n-1} \ltimes W_{[2, 2^{n-1}]}, \\ \quad\vdots \\ S_i^n = (E_{\mathrm{d}})^{n-1} \ltimes W_{[2^i, 2^{n-i}]}, \\ \quad\vdots \\ S_n^n = (E_{\mathrm{d}})^{n-1}. \end{cases} \tag{7.15}$$

步骤 4   计算 $y_i = S_i^n \ltimes \delta_{2^n}^l$，$i=1,2,\cdots,n$。选择 $y_i = \delta_2^1$，并构造集合

$$S_l = \{v_i | y_i = \delta_2^1\},$$

S_l 即 G 的一个控制集。

步骤 5   将步骤 1 ~ 步骤 4 应用到集合 K 中的每个元素，可得图 G 的所有控制集为

$$\{S_l | l \in K\}.$$

步骤 6   图 G 的所有最小控制集为

$$\zeta = \{S_l | |S_l| = \gamma(G)\},$$

其中，$\gamma(G) = \min\limits_{l \in K}\{|S_l|\}$；$|S_l|$ 是集合 S_l 的势。

注 7.4   上述算法可以找到图的所有控制集，因此也可以找到具有某些特殊特征的控制集，如每个顶点被控制集只控制一次、两次等。关于这个问题，在 7.2.2 节将详细阐述。总之，找到图的所有控制集就提供了图的完整结构信息 (就控制集而言)。

7.2.2   搜索图的 k-度控制集

如前所述，一些实际问题可以抽象为图的 k-度控制集与 k-平衡控制集的概念。

定义 7.2   如果 G 的每个顶点被 S 中的 k 个点控制，那么图 G 的顶点子集 S 称为图 G 的 k-度控制集。等价地说，如果 $V(G)-S$ 中的每个顶点都与 S 中的 k 个顶点相连，那么图 G 的顶点子集 S 称为图 G 的 k-度控制集。图 G 的最小 k-度控制集是具有最少势的 k-度控制集。最小 k-度控制集的势称为图 G 的 k 度控制数。

关于图的 k-度控制集，有以下结论。

定理 7.4   考虑图 $G = (V, E)$，$A = [a_{ij}]$ 为 G 的单式邻接矩阵。

(1) 设 $V_S = [x_1, x_2, \cdots, x_n]$ 为顶点子集 $S \subseteq V$ 的特征向量，那么 S 是图 G 的 k-度控制集当且仅当

$$\sum_{j=1}^{n} a_{ij}x_j = k, \quad i = 1, 2, \cdots, n. \tag{7.16}$$

(2) G 包含 k-度控制集当且仅当存在 $1 \leqslant j \leqslant 2^n$ 使得

$$\text{col}_i(M) = k_n. \tag{7.17}$$

(3) 对给定的顶点子集 $S \subseteq V$，设其特征向量为 $V_S = [x_1, x_2, \cdots, x_n]$，并令 $Y_S = \ltimes_{i=1}^{n} y_i = \delta_{2^n}^r$，$y_i = [x_i, 1-x_i]^{\mathrm{T}}$。那么，$S$ 是图 G 的 k-度控制集当且仅当

$$\mathrm{col}_j(M) = k_n, \tag{7.18}$$

其中，

$$M = \begin{bmatrix} M_1 \\ M_2 \\ \vdots \\ M_n \end{bmatrix};$$

$$M_i = J \ltimes \sum_{i=1}^{n} a_{ij} Q_j, \quad i = 1, 2, \cdots, n;$$
$$J = [1 \ \ 0];$$
$$Q_j = (E_{\mathrm{d\_latter}})^{n-j} \ltimes W_{[2, 2^{n-j}]} \ltimes (E_{\mathrm{d\_latter}})^{j-1}.$$

证明   基于定理 7.1 ~ 定理 7.3 的证明过程，比较控制集与 k-度控制集的定义。显然，要证明定理 7.4，只需证明下列结论。

设 $S \subseteq V$ 是图 G 的顶点子集，S 的特征向量是 $V_S = [x_1, x_2, \cdots, x_n]$，$G$ 的单式邻接矩阵为 $A = [a_{ij}]$。

那么，顶点 $v_i \in V$ 被 S 控制 k 次的充分必要条件为

$$\sum_{j=1}^{n} a_{ij} x_j = k. \tag{7.19}$$

(充分性) 因为 $a_{ij} x_j$ 在 $\{0, 1\}$ 中取值，所以有

$$\sum_{j=1}^{n} a_{ij} x_j = k,$$

这表明满足 $a_{ij} x_j = 1$ 的 $j \in \{1, 2, \cdots, n\}$ 个数为 k。

另外，因为 a_{ij} 和 x_j 均为 0 或 1，所以 $a_{ij} x_j = 1$ 表明 $a_{ij} = 1$ 和 $x_j = 1$ 同时成立。其中，$a_{ij} = 1$ 表明顶点 v_j 控制顶点 v_i，$x_j = 1$ 表明顶点 v_j 属于集合 S。同时，满足 $a_{ij} x_j = 1$ 的 j 个数为 k。因此，顶点 $v_i \in V$ 被 S 控制 k 次。充分性得证。

(必要性) 考虑顶点子集 S。因为 $v_j \in S$ 意味着 $x_j = 1$，所以有

$$a_{ij} x_j = 1$$

当且仅当

$$a_{ij} = 1,$$

其中，$a_{ij} = 1$ 表明顶点 v_j 控制顶点 v_i。

因此，$v_j \in S$ 控制 $v_i \in V$ 等价于

$$a_{ij} x_j = 1.$$

如果 S 控制顶点 $v_i(v_i \in V)k$ 次，即控制 v_i 的顶点个数为 k，那么存在 k 个 $j \in \{1, 2, \cdots, n\}$ 使得 $a_{ij} x_j = 1$ (因为顶点 $v_j \notin S$ 蕴含 $x_j = 0$)，从而有

$$\sum_{j=1}^{n} a_{ij} x_j = k.$$

必要性得证。定理证毕。

类似于推论 7.1 可从定理 7.3 推得，下列推论可由定理 7.4 得到。

推论 7.2　考虑图 $G = (V, E)$，设 $A = [a_{ij}]$ 为 G 的单式邻接矩阵。分配每个顶点 $v_i \in V$ 一个特征变量 $x_i \in \mathscr{D}$，并令 $y_i = [x_i, 1 - x_i]^{\mathrm{T}}$。那么，图 G 包含 k-度控制集的充分必要条件是下列不等式可解：

$$M \ltimes_{i=1}^{n} y_i = k_n, \tag{7.20}$$

且解的个数是图 G 包含 k-度控制集的个数。

注 7.5　将定理 7.4 的证明过程与定理 7.2 和定理 7.3 的证明过程进行比较，可以发现，要找到图的所有 k-度控制集，只需将算法 7.1 中的步骤 2 修改如下：

"检查 M 中是否含有等于 k_n 的列。若没有，则 G 不含 k-度控制集，算法结束；否则，令 $K = \{i | \mathrm{col}_i(M) = k_n\}$。"

7.2.3　搜索图的 k-平衡控制集

本节将给出图的 k-平衡控制集的定义。令 $C(v_i)$ 表示由顶点 v_i 控制的顶点所构成的集合，即

$$C(v_i) = \{v_j \in V | (v_i, v_j) \in E\}.$$

定义 7.3　在图 G 中，如果 S 满足下列条件，那么称顶点子集 S 为图 G 的 k-平衡控制集。

(1) S 是一个控制集。

(2) S 中的每个顶点控制 G-S 中的 k 个顶点。

(3) 对任意的 $i \neq j$, 有 $C(v_i) \cap C(v_j) = \varnothing$。

换而言之, 如果 S 中的每个顶点是 $V(G)$-S 中 k 个不同顶点的邻居, 那么顶点子集 S 为 k-平衡控制集。图 G 的最小 k-平衡控制集是具有最小势的 k-平衡控制集。

注 7.6　比较上述三种顶点子集 (控制集、k-度控制集和 k-平衡控制集) 可以发现, k-度控制集和 k-平衡控制集是特殊的控制集。k-度控制集强调的是图中的所有顶点可被控制相同的次数, 而 k-平衡控制集强调的是控制集内的每个点控制该顶点集以外的相同个数的顶点。

定理 7.5　设图 $G = (V, E)$ 的邻接矩阵为 $B = [b_{ij}]$。设 $V_S = [x_1, x_2, \cdots, x_n]$ 是 k-平衡控制集 S 的特征向量, 那么有

$$\sum_{i=1}^{n}\sum_{j=1}^{n} b_{ij}x_i\bar{x}_j = k|S|, \tag{7.21}$$

其中, $\bar{x}_j = 1 - x_j$。

证明　设 S 包含 m 个顶点, 记为 $S = \{v_{i_1}, v_{i_2}, \cdots, v_{i_m}\}$。那么, 它的特征向量可记为

$$V_S = [0, \cdots, 0, \underbrace{1}_{i_1}, 0, \cdots, 0, \underbrace{1}_{i_2}, 0, \cdots, 0, \underbrace{1}_{i_m}, 0, \cdots, 0].$$

考虑 $\sum_{j=1}^{n} b_{ij}x_i\bar{x}_j$。由特征向量 $V_S = [0, \cdots, 0, \underbrace{1}_{i_1}, 0, \cdots, 0, \underbrace{1}_{i_2}, 0, \cdots, 0, \underbrace{1}_{i_m}, 0, \cdots, 0]$ 易知, 对于不属于集合 $\{i_1, i_2, \cdots, i_m\}$ 的指标 i, 有

$$b_{ij}x_i\bar{x}_j = 0.$$

因此, 可得

$$\sum_{j=1}^{n} b_{ij}x_i\bar{x}_j$$
$$= b_{i_1j}x_{i_1}\bar{x}_j + b_{i_2j}x_{i_2}\bar{x}_j + \cdots + b_{i_mj}x_{i_m}\bar{x}_j$$
$$= b_{i_1j}\bar{x}_j + b_{i_2j}\bar{x}_j + \cdots + b_{i_mj}\bar{x}_j. \tag{7.22}$$

接下来考虑 $b_{i_r j}\bar{x}_j, r=1,2,\cdots,m$。

$b_{i_r j}=1$ 蕴含顶点 v_{i_r} 是顶点 v_j 的邻居, 且 $C(v_{i_r})\cap C(v_j)=\varnothing$。因此, 可知顶点 v_j 不属于 S, 即有 $v_j=0$, $\bar{x}_j=1$。

同时, S 中的每个顶点控制 $G-S$ 中的 k 个顶点, 即满足 $b_{i_r j}=1$ 的索引 i_r 的个数是 k。由式 (7.22) 可得

$$\sum_{j=1}^{n} b_{ij}x_i\bar{x}_j = k. \tag{7.23}$$

最后, 考虑 $\sum_{i=1}^{n}\sum_{j=1}^{n} b_{ij}x_i\bar{x}_j$。

因为对于不属于集合 $I=\{i_1,i_2,\cdots,i_m\}$ 的 i, 有 $b_{ij}x_i\bar{x}_j=0$, 所以对这些顶点有

$$\sum_{j=1}^{n} b_{ij}x_i\bar{x}_j = 0.$$

根据式 (7.23), 可得

$$\begin{aligned}
&\sum_{i=1}^{n}\sum_{j=1}^{n} b_{ij}x_i\bar{x}_j \\
=&\sum_{i\in I}\sum_{j=1}^{n} b_{ij}x_i\bar{x}_j \\
=&\sum_{i\in I} k \\
=&km=k|S|.
\end{aligned}$$

定理得证。

定理 7.5 也可以表述为如下形式。

定理 7.6 对于定理 7.5 中的图 G, 如果 G 包含 k-平衡控制集, 那么存在 $1\leqslant j\leqslant 2^n$ 使得

$$\mathrm{col}_j(N)=k, \tag{7.24}$$

其中,

$$N=H\ltimes\left(\sum_{i=1}^{n}\left(\sum_{i<j}^{n} b_{ij}T_{ij}+\sum_{i>j}^{n} b_{ij}U_{ij}\right)\right);$$

$$H=[0\quad 1\quad 0\quad 0];$$

$$T_{ij} = (E_{\text{d\_latter}})^{n-2} \ltimes W_{[2^j,2^{n-j}]} \ltimes W_{[2^i,2^{j-i-1}]};$$

$$U_{ij} = (E_{\text{d\_latter}})^{n-2} \ltimes W_{[2^i,2^{n-i}]} \ltimes W_{[2^j,2^{i-j-1}]}.$$

证明　假设 G 包含 k-平衡控制集 S，设 $V_S = [x_1, x_2, \cdots, x_n]$ 是 S 的特征向量。

定义

$$y_i = [x_i, \bar{x}_i]^{\mathrm{T}},$$
$$y_j = [x_j, \bar{x}_j]^{\mathrm{T}},$$

那么有

$$x_i \bar{x}_j = H y_i y_j.$$

当 $i < j$ 时，利用矩阵的半张量积的 "伪交换性质"，可得

$$\begin{aligned}
y_i y_j &= (E_{\text{d\_latter}})^{n-2} \ltimes y_{j+1} \ltimes \cdots \ltimes y_n \ltimes y_{i+1} \ltimes \cdots \ltimes y_{j-1} \ltimes y_1 \ltimes \cdots \\
&\quad \ltimes y_{i-1} \ltimes y_i \ltimes y_j \\
&= (E_{\text{d\_latter}})^{n-2} \ltimes W_{[2^j,2^{n-j}]} \ltimes y_{i+1} \ltimes \cdots \ltimes y_{j-1} \ltimes y_1 \ltimes \cdots \\
&\quad \ltimes y_{i-1} \ltimes y_i \ltimes y_j \ltimes y_{j+1} \ltimes \cdots \ltimes y_n \\
&= (E_{\text{d\_latter}})^{n-2} \ltimes W_{[2^j,2^{n-j}]} \ltimes W_{[2^i,2^{j-i-1}]} \ltimes y_1 \ltimes \cdots \\
&\quad \ltimes y_{i-1} \ltimes y_i \ltimes y_{i+1} \ltimes \cdots \ltimes y_{j-1} \ltimes y_j \ltimes y_{j+1} \ltimes \cdots \ltimes y_n \\
&= (E_{\text{d\_latter}})^{n-2} \ltimes W_{[2^j,2^{n-j}]} \ltimes W_{[2^i,2^{j-i-1}]} \ltimes Y_S \\
&:= T_{ij} \ltimes Y_S.
\end{aligned}$$

其中，$T_{ij} = (E_{\text{d\_latter}})^{n-2} \ltimes W_{[2^j,2^{n-j}]} \ltimes W_{[2^i,2^{j-i-1}]}$。

类似地，当 $i > j$ 时，可得

$$y_i y_j = U_{ij} \ltimes Y_S,$$

$$U_{ij} = (E_{\text{d\_latter}})^{n-2} \ltimes W_{[2^i,2^{n-i}]} \ltimes W_{[2^j,2^{i-j-1}]}.$$

当 $i = j$ 时，有

$$b_{ij} = 0,$$

进而有

$$b_{ij} x_i \bar{x}_j = 0.$$

因此，有

$$\sum_{i=1}^{n}\sum_{j=1}^{n} b_{ij} x_i \bar{x}_j$$
$$= \sum_{i=1}^{n}\sum_{j=1}^{n} H \ltimes b_{ij} y_i \ltimes y_j$$
$$= \sum_{i=1}^{n}\sum_{i<j} H \ltimes b_{ij} \ltimes y_i \ltimes y_j + \sum_{i=1}^{n}\sum_{i>j} H \ltimes b_{ij} y_i \ltimes y_j$$
$$= \sum_{i=1}^{n}\sum_{i<j} H \ltimes b_{ij} T_{ij} \ltimes Y_S + \sum_{i=1}^{n}\sum_{i>j} H \ltimes b_{ij} U_{ij} \ltimes Y_S$$
$$= H \ltimes \left(\sum_{i=1}^{n}\left(\sum_{i<j}^{n} b_{ij}T_{ij} + \sum_{i>j}^{n} b_{ij}U_{ij} \right) \right) \ltimes Y_S$$
$$= N \ltimes Y_S.$$

因为 $Y_S \in \Delta_{2^n}$，根据式 (7.21) 可知，如果 S 是图 G 的 k-平衡控制集，那么一定存在 $1 \leqslant j \leqslant 2^n$ 使得

$$\mathrm{col}_j(N) = k.$$

定理得证。

注 7.7　定理 7.5 和定理 7.6 是判断一个顶点子集为 k-平衡控制集的必要条件。算法 7.1 能够找到图的所有控制集，且 k-平衡控制集是一种特殊的控制集，因此借助算法 7.1、定理 7.5 或定理 7.6 可以找到图的 k-平衡控制集。具体方法是，首先由算法 7.1 求出图的所有控制集，然后判断这些控制集是否满足定理 7.5 或者定理 7.6 的条件，如果满足，则是图的 k-平衡控制集；否则，不是图的 k-平衡控制集。

7.3　求解图的 k-内稳定集

设图 $G = (V, E)$，如果 $V' \subseteq V$ 且 $E' \subseteq E$，那么图 $G = (V, E)$ 称为 G 的子图。图 G 的路是图 G 的一个子图 $P = (V', E')$，其中，$V' = \{v_{i_1}, v_{i_2}, \cdots, v_{i_k}\}$，$E' = \{(v_{i_1}, v_{i_2}), (v_{i_2}, v_{i_3}), \cdots, (v_{i_{k-1}}, v_{i_k})\}$。从 v_i 到 v_j 路的边数称为该路的长度，记作 $d(v_i, v_j)$，令 $d(v_i, v_j) = 0$。

定义 7.4   如果 S 中的每对顶点 v_i 和 v_j 之间没有长度为 $d(v_i, v_j) \leqslant k$ 的路, 那么图 G 的顶点子集 S 称为 k-内稳定集 (k-internally stable set)。如果任意真包含 S 的顶点子集都不是 k-内稳定集, 那么一个 k-内稳定集称为是最大的。

定义 7.5   矩阵 $A = [a_{ij}]_{p \times q}$ 和 $B = [b_{ij}]_{q \times r}$ 的布尔乘积 $C = A \times_{\mathcal{B}} B = [c_{ij}]_{p \times r}$ 定义为

$$c_{ij} = \bigvee_{l=1}^{q} (a_{il} \wedge b_{lj}), \tag{7.25}$$

其中, $\vee$ 和 $\wedge$ 是域 $\mathscr{D}$ 上的 "逻辑加" 与 "逻辑乘" 运算。

矩阵 A 的布尔幂定义为

$$A^{0_{\mathcal{B}}} = A,$$

$$A^{k_{\mathcal{B}}} = A^{k-1_{\mathcal{B}}} \times_{\mathcal{B}} A, \quad k = 1, 2, \cdots.$$

定义 7.6   设 $A = [a_{ij}]$ 为图 $G = (V, E)$ 的邻接矩阵, 其中 $V = \{v_1, v_2, \cdots, v_n\}$。定义如下矩阵为 G 的 k 邻接矩阵:

$$A^{[k]} = A \vee A^{2_{\mathcal{B}}} \vee \cdots \vee A^{k_{\mathcal{B}}}, \tag{7.26}$$

其中, $A^{i_{\mathcal{B}}}$ 是矩阵 A 的 i 次幂; 对于矩阵 $A = [a_{ij}]_{m \times n}$ 和 $B = [b_{ij}]_{m \times n}$, $A \vee B = [a_{ij} \vee b_{ij}]_{m \times n}$。

定理 7.7   设 $A^{[k]} = [a_{ij}^{[k]}]$ 为图 $G = (V, E)$ 的 k 邻接矩阵, 其中, $V = \{v_1, v_2, \cdots, v_n\}$。$G$ 包含 k-内稳定集的充分必要条件是存在 $1 \leqslant j \leqslant 2^n$ 使得

$$\mathrm{col}_j(M) = 0_n, \tag{7.27}$$

其中,

$$M = \begin{bmatrix} M_1 \\ M_2 \\ \vdots \\ M_n \end{bmatrix};$$

$$M_i = Q \sum_{j=1}^{n} a_{ij}^{[k]} T_{ij}, \quad i = 1, 2, \cdots, n;$$

$$Q = [1 \ \ 0 \ \ 0 \ \ 0];$$

$$T_{ij} = (E_{\mathrm{d}})^{n-2} \ltimes W_{[2^j, 2^{n-j}]} \ltimes W_{[2^i, 2^{j-i-1}]}.$$

证明 首先证明 "从顶点 v_i 到顶点 v_j 之间有长度为 $d(v_i, v_j) \leqslant k$ 的路当且仅当 $a_{ij}^{[k]} = 1$"。

考虑 $A^{l_{\mathcal{B}}} = [a_{ij}^l], l = 1, 2, \cdots, k$。由布尔乘积的定义式 (7.25)，可得

$$a_{ij}^l = \bigvee_{i_1, i_2, \cdots, i_l} (a_{ii_1} \wedge a_{i_1 i_2} \wedge \cdots \wedge a_{i_{l-1} j}). \tag{7.28}$$

观察式 (7.28)，容易发现 $a_{ij}^l = 1$ 当且仅当存在 $l-1$ 个下标 $i_1, i_2, \cdots, i_{l-1}$ 使得

$$a_{ii_1} = a_{i_1 i_2} = \cdots = a_{i_{l-1} j} = 1.$$

因此，由式 (7.1) 可知，顶点 v_i 和 v_{i_1}，v_{i_1} 和 v_{i_2}，$\cdots$，$v_{i_{l-1}}$ 和 v_j 之间分别存在一条边。因此，$a_{ij}^l = 1$ 等价于顶点 v_i 与 v_j 之间存在长度为 $d(v_i, v_j) \leqslant l$ 的路。如果下标 $i, i_1, i_2, \cdots, i_{l-1}, j$ 两两不同，则这条路的长度为 l。

然后考虑 $A^{[k]} = [a_{ij}^{[k]}]$。$a_{ij}^{[k]} = a_{ij}^1 \vee a_{ij}^2 \vee \cdots \vee a_{ij}^k = 1$ 当且仅当存在 $l(1 \leqslant l \leqslant k)$，使得 $a_{ij}^l = 1$，即顶点 v_i 与 v_j 之间存在长度为 $d(v_i, v_j) \leqslant l$ 的路。

因此，$a_{ij}^{[k]} = 1$ 当且仅当顶点 v_i 与 v_j 之间存在长度为 $d(v_i, v_j) \leqslant l$ 的路。

下面证明定理 7.7。

(必要性) 如果 G 包含 k-内稳定集 S，设 S 的特征向量为 $V_S = [x_1, x_2, \cdots, x_n]$。

由定义 7.4 可知，对任意的两个顶点 $v_i, v_j \in V$ 来说，如果 $a_{ij}^{[k]} = 1$，那么 $v_i \notin S$ 或者 $v_j \notin S$。

由特征向量的定义可知 $x_i x_j = 0$，因此，S 的特征向量满足

$$\sum_{j=1}^n a_{ij}^{[k]} x_i x_j = 0, \quad i = 1, 2, \cdots, n. \tag{7.29}$$

由于 $x_i x_j = x_j x_i$，不失一般性，设 $i < j$，由哑算子和交换阵的定义，对于 $y_i = [x_i, 1 - x_i]^{\mathrm{T}}$ 和 $y_j = [x_j, 1 - x_j]^{\mathrm{T}}$ 有

$$y_i \ltimes y_j$$

$$= (E_{\mathrm{d}})^{n-2} \ltimes y_{j+1} \ltimes \cdots \ltimes y_n \ltimes y_{i+1} \ltimes \cdots \ltimes y_{j-1} \ltimes y_1 \ltimes \cdots \ltimes y_{i-1} \ltimes y_i \ltimes y_j$$

$$= (E_{\mathrm{d}})^{n-2} \ltimes W_{[2^j, 2^{n-j}]} \ltimes y_{i+1} \ltimes \cdots \ltimes y_{j-1} \ltimes y_1 \ltimes \cdots \ltimes y_i \ltimes y_j \ltimes y_{j+1} \ltimes \cdots \ltimes y_n$$

$$= (E_{\mathrm{d}})^{n-2} \ltimes W_{[2^j, 2^{n-j}]} \ltimes W_{[2^i, 2^{j-i-1}]} \ltimes y_1 \ltimes \cdots \ltimes y_i \ltimes y_{i+1} \ltimes \cdots$$

$$\ltimes y_{j-1} \ltimes y_j \ltimes \cdots \ltimes y_n$$

$$= T_{ij} \ltimes Y_S,$$

其中,

$$T_{ij} = (E_{\mathrm{d}})^{n-2} \ltimes W_{[2^j,2^{n-j}]} \ltimes W_{[2^i,2^{j-i-1}]};$$

$$Y_S = \ltimes_{i=1}^n y_i.$$

又因为 $x_i x_j = Q(y_i \ltimes y_j)$, 所以 $x_i x_j = Q(T_{ij} \ltimes Y_S)$, 其中, $Q = [1 \quad 0 \quad 0 \quad 0]$. 此外, 方程 (7.29) 可表示为

$$\sum_{j=1}^n a_{ij}^{[k]} Q(T_{ij} \ltimes Y_S)$$

$$= Q \left(\sum_{j=1}^n a_{ij}^{[k]} T_{ij} \right) \ltimes Y_S$$

$$= M_i \ltimes Y_S = 0, \quad i = 1, 2, \cdots, n.$$

其中,

$$M_i = Q \left(\sum_{j=1}^n a_{ij}^{[k]} T_{ij} \right).$$

上式等价于方程组

$$\begin{cases} M_1 \ltimes Y_S = 0, \\ M_2 \ltimes Y_S = 0, \\ \quad\vdots \\ M_n \ltimes Y_S = 0. \end{cases}$$

即

$$M \ltimes Y_S = 0_n, \tag{7.30}$$

其中,

$$M = \begin{bmatrix} M_1 \\ M_2 \\ \vdots \\ M_n \end{bmatrix}.$$

因此, 如果图 G 包含特征向量 $V_S = [x_1, x_2, \cdots, x_n]$ 的 k-内稳定集 S, 那么方程 (7.29) 可解, 即方程组 (7.30) 成立, 这表明 M 存在一列为 0_n. 必要性得证.

(充分性) 如果存在 j $(1 \leqslant j \leqslant 2^n)$ 满足 $\mathrm{col}_j(M) = 0_n$, 那么向量 $Y_S = \delta_{2^n}^j$ 满足方程组 (7.30).

因此, 方程组 (7.29) 有解 $(x_1, x_2, \cdots, x_n)$。该解确定一个顶点子集, 例如, 设该顶点子集为 S, $(x_1, x_2, \cdots, x_n)$ 为 S 的特征向量。

因此 $x_i \in \mathscr{D}$, $a_{ij}^{[k]} \geqslant 0$, 所以有

$$a_{ij}^{[k]} x_i x_j \geqslant 0.$$

因此, 由方程组 (7.29) 可知, 对任意的 $i \neq j$, 有

$$a_{ij}^{[k]} x_i x_j = 0.$$

由 k-内稳定集的定义可知, S 是图 G 的 k-内稳定集。充分性得证。定理证毕。

为了构造算法求出图的所有 k-内稳定集, 将定理 7.7 改写为如下形式。

定理 7.8 设 $A^{[k]} = [a_{ij}^{[k]}]$ 为图 $G = (V, E)$ 的 k 邻接矩阵, $V_S = [x_1, x_2, \cdots, x_n]$ 为给定子集 $S \subseteq V$ 的特征向量。令 $Y_S = \ltimes_{i=1}^{n} y_i = \delta_{2^n}^k$, $y_i = [x_i, \overline{x}_i]^{\mathrm{T}}$, 那么 S 是 G 的 k-内稳定集的充分必要条件为

$$\mathrm{col}_k(M) = 0_n, \tag{7.31}$$

其中,

$$M = \begin{bmatrix} M_1 \\ M_2 \\ \vdots \\ M_n \end{bmatrix};$$

$$M_i = Q \sum_{j=1}^{n} a_{ij}^{[k]} T_{ij}, \quad i = 1, 2, \cdots, n;$$

$$Q = [1 \ \ 0 \ \ 0 \ \ 0];$$

$$T_{ij} = (E_{\mathrm{d}})^{n-2} \ltimes W_{[2^j, 2^{n-j}]} \ltimes W_{[2^i, 2^{j-i-1}]}.$$

证明 (必要性) 如果 S 是 G 的 k-内稳定集, 基于定理 7.7 的证明过程, 那么 S 的特征向量满足方程组 (7.30), 即

$$M \ltimes \delta_{2^n}^k = 0_n.$$

注意到, M 的维数为 $n \times 2^n$, Y_S 的维数为 $2^n \times 1$。这种情况下, 矩阵的半张量积等价于矩阵的普通乘积。

因此，$M \ltimes \delta_{2^n}^k$ 即 M 的第 k 列。必要性得证。

(充分性) 如果 $\mathrm{col}_k(M) = 0_n$，那么向量 $Y_S = \delta_{2^n}^k$ 是方程组 (7.30) 的解。由定理 7.7 的充分性可知，S 是 G 的 k-内稳定集。定理证毕。

注 7.8　基于定理 7.8 的证明，可以构造算法求出图的所有 k-内稳定集。该算法与算法 7.1 相似，只需将步骤 1 和步骤 2 改写如下，其他步骤不变。

步骤 1　计算定理 7.8 中的矩阵 M。

步骤 2　检查 M 中是否存在 0_n 的列。若没有，G 不含 k-内稳定集，算法结束；否则，令

$$K = \{i | \mathrm{col}_i(M) = 0_n\}.$$

7.4　求解图的 k-绝对最大内稳定集

在用 k-内稳定集建模的实际问题中，图的 k-绝对最大内稳定集是最为重要的一种顶点子集。7.3 节给出了判断一个顶点子集为图的 k-内稳定集的充分必要条件，也建立了搜索图的所有 k-内稳定集的算法。因此，理论上也可以求得图的 k-最大内稳定集和 k-绝对最大内稳定集，但过程较为复杂。本节研究图的 k-绝对最大内稳定集问题，试图建立判断一个顶点子集为图的 k-绝对最大内稳定集的充分必要条件，并建立求解算法。

7.4.1　图的 k-绝对最大内稳定集问题

引理 7.1[120]　设 $A^{[k]} = [a_{ij}^{[k]}]$ 为图 $G = (V, E)$ 的 k 邻接矩阵，$S \subseteq V$ 是给定的顶点子集。对 V 中的任意顶点 $v_i \in V$ 分配一个变量 x_i，如果 $v_i \in S$，那么 $x_i = 1$；如果 $v_i \notin S$，那么 $x_i = 0$。因此，S 是图 G 的 k-绝对最大内稳定集当且仅当

$$f(x_1, x_2, \cdots, x_n) = \sum_{i=1}^{n} x_i - (n+1) \sum_{i=1}^{n} \sum_{j=1, j \neq i}^{n} a_{ij}^{[k]} x_i x_j, \tag{7.32}$$

且 f 的最大值非负。

定理 7.9　设 $A^{[k]} = [a_{ij}^{[k]}]$ 为图 $G = (V, E)$ 的 k 邻接矩阵。$S \subseteq V$ 是给定的顶点子集，其特征向量是 $V_S = [x_1, x_2, \cdots, x_n]$。令 $Y_S = \ltimes_{i=1}^n y_i = \delta_{2^n}^k$，$y_i = [x_i, \overline{x_i}]^{\mathrm{T}}$，那么 S 是图 G 的 k-绝对最大内稳定集当且仅当下列矩阵 M 的第 k 个元素是所

有非负元素中的最大者:

$$M = P\left(\sum_{i=1}^{n} T_i\right) - (n+1)\bar{M}, \tag{7.33}$$

其中,

$$P = [1 \ \ 0];$$

$$T_i = (E_{\mathrm{d}})^{n-1} \ltimes W_{[2^i, 2^{n-i}]};$$

$$\bar{M} = Q\left(\sum_{i=1}^{n}\sum_{j=1, j\neq i}^{n} a_{ij}^{[k]} T_{ij}\right);$$

$$Q = [1 \ \ 0 \ \ 0 \ \ 0];$$

$$T_{ij} = (E_{\mathrm{d}})^{n-2} \ltimes W_{[2^j, 2^{n-j}]} \ltimes W_{[2^i, 2^{j-i-1}]}.$$

证明   由定理 7.7 的证明, 可知

$$x_i x_j = Q(T_{ij} \ltimes Y_S).$$

因此, f 中的 $\sum_{i=1}^{n}\sum_{j=1, j\neq i}^{n} a_{ij}^{[k]} x_i x_j$ 可表示为

$$\sum_{i=1}^{n}\sum_{j=1, j\neq i}^{n} a_{ij}^{[k]} x_i x_j = Q\left(\sum_{i=1}^{n}\sum_{j=1, j\neq i}^{n} a_{ij}^{[k]} T_{ij}\right) \ltimes Y_S. \tag{7.34}$$

考虑 f 中的项 $\sum_{i=1}^{n} x_i$。利用哑算子和交换阵的性质, 可得

$$y_i = (E_{\mathrm{d}})^{n-1} \ltimes y_{i+1} \ltimes \cdots \ltimes y_n \ltimes y_1 \ltimes \cdots \ltimes y_i$$
$$= (E_{\mathrm{d}})^{n-1} \ltimes W_{[2^i, 2^{n-i}]} \ltimes y_1 \ltimes \cdots \ltimes y_n$$
$$= (E_{\mathrm{d}})^{n-1} \ltimes W_{[2^i, 2^{n-i}]} \ltimes Y_S.$$

因此, 有

$$x_i = Py_i = P\left((E_{\mathrm{d}})^{n-1} \ltimes W_{[2^i, 2^{n-i}]} \ltimes Y_S\right).$$

从而, 有

$$\sum_{i=1}^{n} x_i = P\left(\left(\sum_{i=1}^{n}(E_{\mathrm{d}})^{n-1} \ltimes W_{[2^i, 2^{n-i}]}\right) \ltimes Y_S\right). \tag{7.35}$$

将式 (7.35) 和式 (7.34) 代入式 (7.32)，可得

$$f(x_1, x_2 \cdots, x_n) = P\left(\left(\sum_{i=1}^{n} (E_{\mathrm{d}})^{n-1} \ltimes W_{[2^i, 2^{n-i}]}\right)\right.$$

$$\left.-(n+1)Q\left(\sum_{i=1}^{n}\sum_{j=1, j\neq i}^{n} a_{ij}^{[k]} T_{ij}\right)\right) \ltimes Y_S$$

$$= M \ltimes Y_S, \tag{7.36}$$

其中，

$$M = P\left(\sum_{i=1}^{n} T_i\right) - (n+1)\bar{M};$$

$$P = [1 \;\; 0];$$

$$T_i = (E_{\mathrm{d}})^{n-1} \ltimes W_{[2^i, 2^{n-i}]};$$

$$\bar{M} = Q\left(\sum_{i=1}^{n}\sum_{j=1, j\neq i}^{n} a_{ij}^{[k]} T_{ij}\right);$$

$$Q = [1 \;\; 0 \;\; 0 \;\; 0];$$

$$T_{ij} = (E_{\mathrm{d}})^{n-2} \ltimes W_{[2^j, 2^{n-j}]} \ltimes W_{[2^i, 2^{j-i-1}]}.$$

注意到，$Y_S = \ltimes_{i=1}^{n} y_i$、$y_i = [x_i, \overline{x_i}]^{\mathrm{T}}$ 与 $(x_1, x_2, \cdots, x_n)$ 互相唯一确定，由引理 7.1 可知，如果 S 是图 G 的 k-绝对最大内稳定集，那么它的特征向量 $Y_S = \delta_{2^n}^{k}$ 是式 (7.36) 的最大点且对应的最大值非负。因此，$M \ltimes Y_S$ 是式 (7.36) 的最大非负值。又因为 $M \ltimes Y_S = M \ltimes \delta_{2^n}^{k}$ 是 M 的第 k 个元素，且 f 的值域是由 M 的不同元素构成的集合 (因为 $Y_S = \ltimes_{i=1}^{n} y_i \in \Delta_{2^n}$)，所以 M 的第 k 个元素是所有非负元素的最大者。

反之，如果 M 的第 k 个元素是所有非负元素的最大者，那么由式 (7.36) 及定理的条件 (S 的特征向量是 $Y_S = \delta_{2^n}^{k}$) 可知，Y_S 是式 (7.36) 的最大点且最大值非负。因此，根据式 (7.36) 与式 (7.32) 的等价性可知，$(x_1, x_2, \cdots, x_n)$ 是式 (7.32) 的最大点且对应的最大值非负。由引理 7.1，定理得证。

注 7.9　基于定理 7.9 的证明，可以构造算法求出图的所有 k-绝对最大内稳定集。该算法与算法 7.1 相似，只需将步骤 1 和步骤 2 改写如下，其他步骤不变。

步骤 1　计算定理 7.9 中的矩阵 M。

步骤 2 检查 M 的元素是否都为负数。若是，则 G 不含 k-绝对最大内稳定集，算法结束；否则，令

$$K = \{i | \mathrm{col}_i(M) = \max(\mathrm{col}(M))\}.$$

7.4.2 图的 k-最大加权内稳定集问题

类似于定理 7.9 的证明，可以得到关于图的 k-最大加权内稳定集问题的充分必要条件。

定理 7.10 考虑图 $G = (V, E)$，设 $\omega : V \to R$ 为非负函数。对于给定的顶点子集 $S \subseteq V$，设其特征向量为 $Y_S = \ltimes_{i=1}^{n} y_i = \delta_{2^n}^k$，$y_i = [x_i, \overline{x_i}]^{\mathrm{T}}$。那么，$S$ 是图 G 的 k-最大加权内稳定集的充分必要条件是下列矩阵 $\tilde{M}$ 的第 k 个元素是所有元素中的最大者：

$$\tilde{M} = P\left(\sum_{i=1}^{n} \omega(v_i) T_i\right) - \left(1 + \sum_{i=1}^{n} \omega(v_i)\right) \bar{M}, \tag{7.37}$$

其中，

$$P = [1 \ \ 0];$$

$$T_i = (E_{\mathrm{d}})^{n-1} \ltimes W_{[2^i, 2^{n-i}]};$$

$$\bar{M} = Q\left(\sum_{i=1}^{n} \sum_{j=1, j \neq i}^{n} a_{ij}^{[k]} T_{ij}\right);$$

$$Q = [1 \ \ 0 \ \ 0 \ \ 0];$$

$$T_{ij} = (E_{\mathrm{d}})^{n-2} \ltimes W_{[2^j, 2^{n-j}]} \ltimes W_{[2^i, 2^{j-i-1}]}.$$

证明 与定理 7.9 的证明相似，这里从略。

注 7.10 与算法 7.1 相似，由定理 7.10 可以建立求出图的所有 k-最大加权内稳定集的算法。该算法与算法 7.1 相似，只需将步骤 1 和步骤 2 改写如下，其他步骤做相应修改即可。

步骤 1 计算定理 7.10 中的矩阵 $\tilde{M}$。

步骤 2 检查 $\tilde{M}$ 中的元素是否都为负数。若是，则 G 不含 k-最大加权内稳定集，算法结束；否则，令

$$K = \left\{i | \mathrm{col}_i(\tilde{M}) = \max\left(\mathrm{col}(\tilde{M})\right)\right\}.$$

7.4.3　验证实例

考虑有向图 $G = (V, E)$，其中 $V = \{v_1, v_2, \cdots, v_8\}$，如图 7.1 所示。

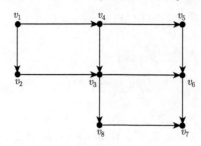

图 7.1　有向图模型

根据注 7.8 来求解图 $G = (V, E)$ 的所有 k-内稳定集。先考虑 $k = 2$ 的情形。
图 G 的 2 邻接矩阵为

$$
A^{[2]} = \left[a_{ij}^{[2]} \right]
$$

$$
= \begin{bmatrix}
0 & 1 & 1 & 1 & 1 & 0 & 0 & 0 \\
0 & 0 & 1 & 0 & 0 & 1 & 0 & 1 \\
0 & 0 & 0 & 0 & 0 & 1 & 1 & 1 \\
0 & 0 & 1 & 0 & 1 & 1 & 0 & 1 \\
0 & 0 & 0 & 0 & 0 & 1 & 1 & 0 \\
0 & 0 & 0 & 0 & 0 & 0 & 1 & 0 \\
0 & 0 & 0 & 0 & 0 & 0 & 0 & 0 \\
0 & 0 & 0 & 0 & 0 & 0 & 1 & 0
\end{bmatrix}.
$$

由此，可得步骤 1 中的矩阵 M，进而得知步骤 2 中的零列为

$$
\mathrm{col}_{123}(M), \quad \mathrm{col}_{124}(M), \quad \mathrm{col}_{126}(M),
$$
$$
\mathrm{col}_{127}(M), \quad \mathrm{col}_{128}(M), \quad \mathrm{col}_{174}(M),
$$
$$
\mathrm{col}_{176}(M), \quad \mathrm{col}_{184}(M), \quad \mathrm{col}_{190}(M),
$$
$$
\mathrm{col}_{192}(M), \quad \mathrm{col}_{216}(M), \quad \mathrm{col}_{224}(M),
$$
$$
\mathrm{col}_{238}(M), \quad \mathrm{col}_{240}(M), \quad \mathrm{col}_{247}(M),
$$
$$
\mathrm{col}_{248}(M), \quad \mathrm{col}_{251}(M), \quad \mathrm{col}_{252}(M),
$$
$$
\mathrm{col}_{254}(M), \quad \mathrm{col}_{255}(M).
$$

因此，集合 K 为

$$K = \{123, 124, 126, 127, 128, 174, 176, 184, 190, 192,$$

$$216, 224, 238, 240, 247, 248, 251, 252, 254, 255\}.$$

在步骤 3 中，取集合 K 中的每个元素，计算 $y_i = S_i^8 \ltimes \delta_{256}^l$，可以得到 y_i, $i = 1, 2, \cdots, 8$。那么，$S_l = \{v_i | y_i = \delta_2^1\}$ 即图 G 的一个 2-内稳定集。以 $l = 123$ 为例，可得

$$y_1 = S_1^8 \ltimes \delta_{256}^{123} = \boxed{\delta_2^1}, \quad y_2 = S_2^8 \ltimes \delta_{256}^{123} = \delta_2^2,$$

$$y_3 = S_3^8 \ltimes \delta_{256}^{123} = \delta_2^2, \quad y_4 = S_4^8 \ltimes \delta_{256}^{123} = \delta_2^2,$$

$$y_5 = S_5^8 \ltimes \delta_{256}^{123} = \delta_2^2, \quad y_6 = S_6^8 \ltimes \delta_{256}^{123} = \boxed{\delta_2^1},$$

$$y_7 = S_7^8 \ltimes \delta_{256}^{123} = \delta_2^2, \quad y_8 = S_8^8 \ltimes \delta_{256}^{123} = \boxed{\delta_2^1}.$$

在步骤 4 中，选择 y_1、y_6 和 y_8，即可得到 2-内稳定集 $S_{123} = \{v_1, v_6, v_8\}$。

对于 $l = 174$，利用上述同样的方法，可得

$$y_1 = S_1^8 \ltimes \delta_{256}^{174} = \delta_2^2, \quad y_2 = S_2^8 \ltimes \delta_{256}^{174} = \boxed{\delta_2^1},$$

$$y_3 = S_3^8 \ltimes \delta_{256}^{174} = \delta_2^2, \quad y_4 = S_4^8 \ltimes \delta_{256}^{174} = \boxed{\delta_2^1},$$

$$y_5 = S_5^8 \ltimes \delta_{256}^{174} = \delta_2^2, \quad y_6 = S_6^8 \ltimes \delta_{256}^{174} = \delta_2^2,$$

$$y_7 = S_7^8 \ltimes \delta_{256}^{174} = \boxed{\delta_2^1}, \quad y_8 = S_8^8 \ltimes \delta_{256}^{174} = \delta_2^2.$$

因此，图 G 的另一个 2-内稳定集为 $S_{174} = \{v_2, v_4, v_7\}$。同样，通过计算集合 K 中的所有元素，可得图 G 的其他所有 2-内稳定集为

$$S_{124} = \{v_1, v_6\}, \quad S_{126} = \{v_1, v_7\}, \quad S_{127} = \{v_1, v_8\},$$

$$S_{128} = \{v_1\}, \quad S_{174} = \{v_2, v_4\}, \quad S_{176} = \{v_2, v_5\},$$

$$S_{184} = \{v_2, v_7\}, \quad S_{190} = \{v_2\}, \quad S_{192} = \{v_3, v_5\},$$

$$S_{216} = \{v_3\}, \quad S_{224} = \{v_4, v_7\}, \quad S_{238} = \{v_4\},$$

$$S_{240} = \{v_5, v_8\}, \quad S_{248} = \{v_5\}, \quad S_{251} = \{v_6, v_8\},$$

$$S_{252} = \{v_6\}, \quad S_{254} = \{v_7\}, \quad S_{255} = \{v_8\}.$$

关于图 G 的 3-内稳定集，采用上述方法，可以得到 G 的所有 3-内稳定集为 (其中不包括单点集，因为对于任意的正整数 k，单点集总是 k-内稳定集)

$$\{1, 7\}, \quad \{2, 4\}, \quad \{2, 5\},$$

$$\{3, 5\}, \quad \{5, 8\}, \quad \{6, 8\}.$$

所有的 4-内稳定集为

$$\{2,4\}, \quad \{2,5\}, \quad \{3,5\},$$
$$\{5,8\}, \quad \{6,8\}.$$

继续利用注 7.8, 可以发现一个有趣的现象: 当 $k \geqslant 4$ 时, 图 G 的所有 k-内稳定集都相同。事实上, 可以证明当 $k \geqslant 4$ 时, 图 G 的 k 邻接矩阵保持不变。

下面考虑图 G 的 k-绝对最大内稳定集。当 $k = 2$ 时, 上述矩阵 M 中的最大非负元为 3, 其位置是 M 的第 123 列和第 174 列。根据上述的推导过程可知, G 的 2-绝对最大内稳定集为

$$S_{123} = \{v_1, v_6, v_8\},$$
$$S_{174} = \{v_2, v_4, v_7\}.$$

当 $k = 3$ 时, 上述矩阵 M 中有六个最大非负元 2, 其位置分别是 M 的第 126、176、184、216、247 和 251 列。因此, 步骤 2 中的集合 K 为

$$K = \{126, 176, 184, 216, 247, 251\}.$$

对 K 中的任意元素 K, 计算 $y_i = S_i^8 \times \delta_{256}^l$, 可以得到下述所有的 3-绝对最大内稳定集, 即

$$\{1,7\}, \quad \{2,4\}, \quad \{2,5\},$$
$$\{3,5\}, \quad \{5,8\}, \quad \{6,8\}.$$

同样, 可得到图 G 的所有 4-绝对最大内稳定集, 即

$$\{2,4\}, \quad \{2,5\}, \quad \{3,5\},$$
$$\{5,8\}, \quad \{6,8\}.$$

上述结果与文献 [120] 所得结果相同, 这表明了结论的正确性。

7.5 k-轨道任务分配问题的代数解法

7.5.1 k-轨道任务分配问题求解

k-轨道任务分配问题, 也称多轨道任务分配问题, 是运筹学和调度理论中的一类资源分配问题。目的是分配 n 个工作 (或工件) 到 k 台机器, 每个工件在规定的

轨道 (或时间周期内) 由一台机器加工, 每台机器在规定的轨道 (或时间周期内) 开始和结束工作. 此外, 每台机器在每一时刻最多能加工一个工件. 调度问题是把给定的工作分配到给定的机器, 使得分配到同一机器的工件的加工时间互不冲突, 并且这些工件的加工时间与机器的工作时间不相冲突.

用数学语言来描述, k-轨道任务分配问题是, 设 I 是所有工件加工时间区间的集合, F_j 是分配到机器 j 上的所有工件的加工时间区间的集合, k-轨道任务分配问题, 寻求 k 个互不相交的集合 $S_1, S_2, \cdots, S_k \subseteq I$, 使得

(1) 对所有的 $j=1, 2, \cdots, k$, 有 $S_j \subseteq F_j$.

(2) S_j 中的区间互不相交.

(3) $|S_1 \cup S_2 \cup \cdots \cup S_k|$ 最大.

如果 (1) 和 (2) 成立, 则 $S = (S_1, S_2, \cdots, S_k)$ 称为可行的调度方案; 如果 (3) 同时成立, 则 $S = (S_1, S_2, \cdots, S_k)$ 称为最优调度方案.

多轨道任务分配问题也可由圆弧图来描述. 圆弧图是由圆周上的一组弧相交而形成的一类图. 每条弧由一个顶点来表示, 每对相交的弧由一条边来表示, 这条边的端点为这两条相交弧对应的顶点. 其数学模型如下:

设 $I_1, I_2, \cdots, I_n \subset C$ 为圆周 C 上的一组弧, 对应的圆弧图为 $G = (V, E)$, 其中, $V = \{I_1, I_2, \cdots, I_n\}$, $(I_i, I_j) \in E$ 当且仅当 $(I_i \cap I_j) \neq \varnothing$.

用一个圆弧图表示 k-轨道任务分配问题, 调度方案即在圆弧图中寻找一些互不相交的顶点. 寻找最优调度方案, 即寻找圆弧图的绝对最大内稳定集. 本节作为本章关于 "k-内稳定集以及 k-绝对最大内稳定集" 结论的应用, 考虑一种简单的情形: k 台机器的功能相同, 即每个工件可由任一台机器加工. 这种情况下, k-轨道任务分配问题为, 在 I 中寻找互不相交的内稳定集或者绝对最大内稳定集. 为达此目的, 只需在定理 7.7 ~ 定理 7.10 的相关结论中令 $k = 1$ 即可. 基于以上分析, 可得以下结论.

推论 7.3   对于给定的 k-轨道任务分配问题, 设其圆弧图模型为 $G = (V, E)$, $A^{[1]} = (a_{ij}^{[1]})$ 为 G 的 1 邻接矩阵. 那么, k-轨道任务分配问题可解当且仅当存在 $j_i (1 \leqslant j_1, j_2, \cdots, j_k \leqslant 2^n)$ 使得

$$\mathrm{col}_{j_i}(M) = 0_n, \quad i = 1, 2, \cdots, k,$$

其中,

$$M = \begin{bmatrix} M_1 \\ M_2 \\ \vdots \\ M_n \end{bmatrix};$$

$$M_i = Q \sum_{j=1}^{n} a_{ij}^{[1]} T_{ij}, \quad i=1,2,\cdots,n;$$

$$Q = [1 \ 0 \ 0 \ 0];$$

$$T_{ij} = (E_d)^{n-2} \ltimes W_{[2^j, 2^{n-j}]} \ltimes W_{[2^i, 2^{j-i-1}]}.$$

推论 7.4　推论 7.3 所述的 k-轨道任务分配问题有最优解当且仅当下列矩阵 M 中存在 k 个最大的非负元:

$$M = P\left(\sum_{i=1}^{n} T_i\right) - (n+1)\bar{M},$$

其中,

$$P = [1 \ 0];$$

$$T_i = (E_d)^{n-1} \ltimes W_{[2^i, 2^{n-i}]};$$

$$\bar{M} = Q\left(\sum_{i=1}^{n} \sum_{j=1, j\neq i}^{n} a_{ij}^{[k]} T_{ij}\right);$$

$$Q = [1 \ 0 \ 0 \ 0];$$

$$T_{ij} = (E_d)^{n-2} \ltimes W_{[2^j, 2^{n-j}]} \ltimes W_{[2^i, 2^{j-i-1}]}.$$

注 7.11　根据推论 7.3 和推论 7.4, 对算法 7.1 稍做修改即可用于求解 k-轨道任务分配问题, 即将算法 7.1 的步骤 1 中的矩阵 M 替换为推论 7.4 中的矩阵 M。实践中, 首先利用算法 7.1 找到对应圆弧图的所有 1-绝对最大内稳定集, 然后选出互不相交的 1-绝对最大内稳定集, 即对应多轨道任务分配问题的最优解。

7.5.2　验证实例

本节利用文献 [121] 中的例子来说明如何利用上述代数方法求解多轨道任务分配问题。

考虑如图 7.2(a) 所示的 k 任务分配问题。该问题包含 8 个工件, 其加工时间分布在上午 8 点到晚上 11 点, 对应的圆弧图 $G = (V, E)$, $V = \{1, 2, \cdots, 8\}$, 如图 7.2(b) 所示。

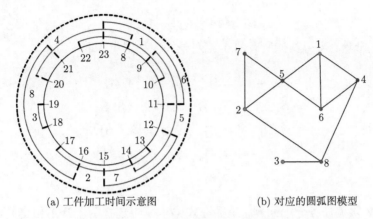

(a) 工件加工时间示意图   (b) 对应的圆弧图模型

图 7.2 k 任务分配问题及其图表示

计算 G 的 1 邻接矩阵 $A^{[1]} = \left[a_{ij}^{[1]} \right]$，即

$$
A^{[1]} =
\begin{bmatrix}
0 & 0 & 0 & 1 & 1 & 1 & 0 & 0 \\
0 & 0 & 0 & 0 & 1 & 0 & 1 & 1 \\
0 & 0 & 0 & 0 & 0 & 0 & 0 & 1 \\
1 & 0 & 0 & 0 & 0 & 1 & 0 & 1 \\
1 & 1 & 0 & 0 & 0 & 1 & 1 & 0 \\
1 & 0 & 0 & 1 & 1 & 0 & 0 & 0 \\
0 & 1 & 0 & 0 & 1 & 0 & 0 & 0 \\
0 & 1 & 1 & 1 & 0 & 0 & 0 & 0
\end{bmatrix} .
$$

步骤 1   计算推论 7.4 中的矩阵 M。

步骤 2 M 中共有 9 个最大非负元 3，由此可得

$$K = \{32, 94, 125, 144, 156, 200, 206, 218, 249\}.$$

步骤 3   对 K 中的每个元素 $l \in K$，计算 $y_i = S_i^8 \ltimes \delta_{256}^l$。
以 $l = 32$ 为例，可得

$$
\begin{aligned}
y_1 &= S_1^8 \ltimes \delta_{256}^{32} = \delta_2^1, &\quad y_2 &= S_2^8 \ltimes \delta_{256}^{32} = \delta_2^1, \\
y_3 &= S_3^8 \ltimes \delta_{256}^{32} = \delta_2^1, &\quad y_4 &= S_4^8 \ltimes \delta_{256}^{32} = \delta_2^2, \\
y_5 &= S_5^8 \ltimes \delta_{256}^{32} = \delta_2^2, &\quad y_6 &= S_6^8 \ltimes \delta_{256}^{32} = \delta_2^2, \\
y_7 &= S_7^8 \ltimes \delta_{256}^{32} = \delta_2^2, &\quad y_8 &= S_8^8 \ltimes \delta_{256}^{32} = \delta_2^2.
\end{aligned}
$$

步骤 4   选择 y_1、y_2、y_3 构造集合 $S_{32} = \{1, 2, 3\}$。S_{32} 即 G 的 1-绝对最大内稳定集。类似地, 可得其他所有的 1-绝对最大内稳定集, 即

$$
\begin{aligned}
&S_{32} = \{1, 2, 3\}, \quad S_{94} = \{1, 3, 7\}, \\
&S_{125} = \{1, 7, 8\}, \quad S_{144} = \{2, 3, 4\}, \\
&S_{156} = \{2, 3, 6\}, \quad S_{200} = \{3, 4, 5\}, \\
&S_{206} = \{3, 4, 7\}, \quad S_{218} = \{3, 6, 7\}, \\
&S_{249} = \{6, 7, 8\}.
\end{aligned}
\tag{7.38}
$$

对于 2-轨道任务分配问题, 只需在式 (7.38) 中选择两个互不相交的集合, 对应的分配方案即该问题的最优解。所有的最优解为

$$
\begin{aligned}
&(\{1, 2, 3\}, \{6, 7, 8\}), \quad (\{2, 3, 4\}, \{6, 7, 8\}), \\
&(\{3, 4, 5\}, \{6, 7, 8\}), \quad (\{1, 7, 8\}, \{2, 3, 4\}), \\
&(\{1, 7, 8\}, \{2, 3, 6\}), \quad (\{1, 7, 8\}, \{3, 4, 5\}).
\end{aligned}
$$

对于 3-轨道任务分配问题, 只需添加一个 1-内稳定集, 利用上述步骤即可求得其所有最优解为

$$
\begin{aligned}
&(\{1, 2, 3\}, \{4, 5\}, \{6, 7, 8\}), \quad (\{1, 2\}, \{3, 4, 5\}, \{6, 7, 8\}), \\
&(\{1, 7, 8\}, \{2, 6\}, \{3, 4, 5\}), \quad (\{1, 7, 8\}, \{4, 5\}, \{2, 3, 6\}).
\end{aligned}
\tag{7.39}
$$

注 7.12   观察式 (7.39) 可发现一个有趣的现象: 这四个最优解都包含了所有的任务。因此, 只需要配置三台机器即可完成该加工任务。不妨将这种配置最少而又能完成所有工作的分配方案称为 "完全最优分配方案"。本章给出的代数方法, 提供了求解完全最优分配方案的途径。

7.6   本 章 小 结

图论为许多现实世界的实际问题提供了数学模型, 如图的控制集、内稳定集、外稳定集, 以及扩展的 k-度控制集、k-平衡控制集、k-内稳定集、k-外稳定集等。特别是这些顶点子集具有某些特殊性质的结构, 为许多实际问题提供了最优的解决方案, 如图的最小控制集、最大内稳定集、最大加权内稳定集及绝对最大加权内稳定集等。

　　本章将逻辑动态系统代数状态空间法及矩阵的半张量积作为研究工具，介绍了图的一些结构问题，如图的控制集、内稳定集、k-内稳定集、k-最大加权内稳定集及 k-绝对最大内稳定集，并且讨论了这些问题的性质，提出了判断图的某个子集是上述子集的充分必要条件，建立了能够找到图的所有上述子集的算法。此外，将上述得到的理论结果应用于某些实际问题，如 k-轨道任务分配问题，且得到了解决这些问题的新方法。

第 8 章　农业综合区道路网络规划和农业机器人路径规划

8.1　引　　言

目前该领域大多数学者在研究农业综合区道路网络规划和农业机器人路径规划时，均是基于计算机算法给出一种规划方案 [122-124]，未能给出问题的所有解 (或者所有最优解)。学科的发展受益于也受制于研究工具的进步，先进的理论工具往往会促进某一学科的快速发展。近年来，程代展领导的研究小组为解决将矩阵方法应用于多线性乃至非线性问题时的瓶颈问题 (多线性函数的矩阵表示)，提出了矩阵的半张量积 (STP)。STP 是对矩阵普通乘法的推广，不要求矩阵满足等维数条件，而适用于任意两个矩阵，同时保留了矩阵普通乘法几乎所有的主要性质。理论上它可以取代矩阵的普通乘法，因此在几乎所有的工程和科学领域得到广泛应用。经过十几年的发展，STP 自身不断完善，应用也越来越广泛，并在许多领域取得了一些标志性的成果，如布尔控制网络 [50]、混合值逻辑网络 [125]、模糊控制理论 [64]、图论及多 Agent 系统 [23,126] 等。特别是在图论领域，半张量积方法在解决相关问题时，不仅能够给出问题的严格数学描述，而且能求出问题的所有解，自然也给出了问题的最优解。

农业综合区道路网络规划和农业机器人路径规划问题均可抽象为图论模型。利用矩阵的半张量积理论在解决图论问题时的显著优势，从数学的角度解决农业综合区道路网络规划和农业机器人路径规划问题是本章的研究动机。

本章在解决农业综合区道路网络规划和农业机器人路径规划问题的主要贡献如下：对于经济高效的农业综合区域规划问题，建立其数学描述；基于该数学描述，提出一种数学算法，能够求出该问题的所有解及最优解；给出了与该规划方案对应的农业机器人路径规划。

与现有方法相比，本章提出的方法具有以下优点：农业综合区道路网络规划和农业机器人路径规划问题被建立为一种精确的数学描述,并设计了数学求解算法。不同于计算机求解算法只能给出问题的一种解,本章的数学求解算法能够给出问题的所有解,从而为在工程上解决实际农业规划问题提供了更大的设计自由度。

8.2 农业综合区域规划问题描述

经济高效的农业综合区域规划问题的关键是最大限度地利用有限的农业资源,如灌溉设施的布局、道路网络的规划、加工点及物流点的位置设计等,这就要求利用最少的农业资源覆盖全部的农业综合区域。该问题可由图论中的控制集模型(也称为支配集模型)描述。图的控制集是图的一种子集,子集以外的每个顶点都与该子集的某个顶点有邻居关系。如图 8.1 所示,子集 $S_1 = \{v_1, v_3, v_7\}$、$S_2 = \{v_1, v_5\}$、$S_3 = \{v_1, v_4, v_5\}$、$S_4 = \{v_1, v_3, v_4, v_7\}$ 均是该图的控制集。显然,如果在控制集中再添加一个顶点,所得的子集仍然是图的控制集。一种平凡的控制集就是原图本身。

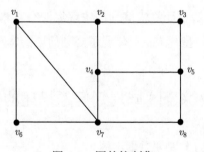

图 8.1 图的控制集

对于经济高效的农业综合区域规划问题,就是要寻找该区域的最小控制集。最小控制集是具有最少顶点个数的控制集。其物理意义是,利用最少的农业资源覆盖整个农业区域。一个图的最小控制集并不唯一,由图 8.1 可知,子集 $S = \{v_1, v_5\}$ 和 $S = \{v_3, v_7\}$ 均是该图的最小控制集。显然,求出图的所有最小控制集,在农业综合区域规划中具有重要的指导意义,同时也给工程设计提供了更大的自由度。

在经济高效的现代农业综合区域规划问题中,另一个重要的问题是农业机器人的路径规划问题。图论也为该问题提供了简单有效的数学描述,例如,树、支持树和 Huffman 树等模型为农业机器人路径规划问题提供了最佳路径规划的图论描述。如图 8.2 所示,粗线表示的路线为从起始点 v_0 到各点的最佳路径,边上的数字为某种权值，如路的长度等。

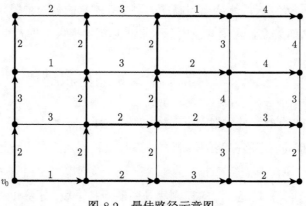

图 8.2　最佳路径示意图

　　本节的目的就是基于农业综合区道路网络规划和农业机器人路径规划问题的图论表示，利用矩阵的半张量积理论，建立农业综合区道路网络规划和农业机器人路径规划问题的数学描述及数学算法。

　　注 8.1　　与传统的基于计算机编程的求解算法有着本质的区别，这种数学算法是由规划问题的数学模型建立的，体现了规划问题的本质。

8.3　农业综合区域规划问题描述的数学建模

　　设农业综合区域的初步规划方案由图 $G = (V, E)$ 表示，顶点 $V = \{v_1, v_2, \cdots, v_n\}$ 表示该区域拟设立资源要素，边 $e_{ij} = (v_i, v_j) \in E$ 表示资源要素 v_i、v_j 之间具有生态关系。本节利用矩阵的半张量积理论，在图论的基础上建立经济高效的农业综合区域规划中控制集的数学模型。

　　对于图的顶点子集 $S \subseteq V$，定义其特征向量为 $V_S = [x_1, x_2, \cdots, x_n]$，其中，

$$x_i = \begin{cases} 1, & x_i \in S, \\ 0, & x_i \notin S. \end{cases} \tag{8.1}$$

设 $y_i = [x_i, 1 - x_i]^{\mathrm{T}}, i = 1, 2, \cdots, n$，定义

$$Y_S = \ltimes_{i=1}^n y_i. \tag{8.2}$$

注 8.2 由半张量积的性质易知 Y_S 和 V_S 相互唯一确定, 其物理意义为, 若知道 Y_S, 就可以唯一确定图的一个控制集。

定理 8.1 考虑图 $G = (V, E)$, $V = \{v_1, v_2, \cdots, v_n\}$, 并设其单邻接矩阵为 $A = [a_{ij}]$。因此, 图 G 具有控制集的充分必要条件是存在 $1 \leqslant j \leqslant 2^n$ 使得

$$\mathrm{col}_j(M) \geqslant 1_n, \tag{8.3}$$

其中,

$$M_i = J \ltimes \sum_{i=1}^{n} (a_{ij} Q_j);$$

$$J = [1 \quad 0];$$

$$Q_j = (E_{\mathrm{d\_latter}})^{n-j} \ltimes W_{[2,2^{n-j}]} \ltimes (E_{\mathrm{d\_latter}})^{j-1};$$

$E_{\mathrm{d\_latter}}$ 和 $W_{[2,2^{n-j}]}$ 是 STP 理论中的常数矩阵:

$$E_{\mathrm{d\_latter}}(m, n) = [\underbrace{I_n, \cdots, I_n}_{m}];$$

$W_{[2,2^{n-j}]}$ 是 $mn \times mn$ 矩阵, 位置 $[(I, J), (i, j)]$ 处的元素为

$$W_{((I,J),(i,j))} = \begin{cases} 1, & I=i \text{ 且 } J=j, \\ 0, & \text{其他}. \end{cases}$$

证明 假设图 G 包含控制集 S, 并设 S 的特征向量为 $V_S = [x_1, x_2, \cdots, x_n]$。由文献 [50] 中的定理 8.1 可知

$$\sum_{j=1}^{n} a_{ij} x_j \geqslant 1, \quad i = 1, 2, \cdots, n. \tag{8.4}$$

定义 $y_j = [x_j, 1 - x_j]^{\mathrm{T}}, j=1, 2, \cdots, n$, 由此可得

$$\begin{aligned} y_j &= (E_{\mathrm{d\_latter}})^{n-j} \ltimes y_{j+1} \ltimes y_{j+2} \ltimes \cdots \ltimes y_n \ltimes y_j \\ &= (E_{\mathrm{d\_latter}})^{n-j} \ltimes W_{[2,2^{n-j}]} \ltimes y_j \ltimes y_{j+1} \ltimes \cdots \ltimes y_n \\ &= (E_{\mathrm{d\_latter}})^{n-j} \ltimes W_{[2,2^{n-j}]} \ltimes (E_{\mathrm{d\_latter}})^{j-1} \ltimes y_1 \ltimes \cdots \ltimes y_n \\ &:= Q_j \ltimes Y_S. \end{aligned}$$

其中, $Q_j = (E_{\mathrm{d\_latter}})^{n-j} \ltimes W_{[2,2^{n-j}]} \ltimes (E_{\mathrm{d\_latter}})^{j-1}$。

由于 $x_j = J \ltimes y_j$，$a_{ij}x_j = a_{ij}J \ltimes y_j = a_{ij}J \ltimes Q_j \ltimes Y_S$，有

$$\sum_{j=1}^{n}(a_{ij}x_j) = J \ltimes \sum_{j=1}^{n}(a_{ij}Q_j) \ltimes Y_S := M_i \ltimes Y_S,$$

其中，$M_i = J \ltimes \sum_{j=1}^{n}(a_{ij}Q_j)$。

进而，对于 $i \in \{1,2,\cdots,n\}$，以下命题等价。

(1) $\sum_{j=1}^{n}a_{ij}x_j \geqslant 1$。

(2) $M_iY_S \geqslant 1$。

(3) M_i 中至少有一个元素为 1。

(4) 至少存在一个 $j(1 \leqslant j \leqslant 2^n)$ 使得 $\text{col}_j(M_i) \geqslant 1$。

注意到，方程 (8.4) 等价于

$$\begin{cases} \sum\limits_{j=1}^{n}a_{1j}x_j \geqslant 1, \\ \sum\limits_{j=1}^{n}a_{2j}x_j \geqslant 1, \\ \quad\vdots \\ \sum\limits_{j=1}^{n}a_{nj}x_j \geqslant 1. \end{cases} \tag{8.5}$$

显然，方程 (8.5) 有解当且仅当存在 $1 \leqslant j \leqslant 2^n$ 使得 $\text{col}_j(M) \geqslant 1_n$。

由方程 (8.4) 和方程 (8.5) 的等价性可知，定理 8.1 得证。

注 8.3　为了建立农业综合区道路网络规划和农业机器人路径规划中用到的最小控制集的数学算法，下面将定理 8.1 表述为如下等价形式。

定理 8.2　考虑图 $G = (V,E)$，其单式邻接矩阵为 $A = [a_{ij}]$。对于给定的子集 $S \subseteq V$，设其特征向量为 $V_S = [x_1,x_2,\cdots,x_n]$，并令 $Y_S = \ltimes_{i=1}^{n}y_i = \delta_{2^n}^{k}$，$y_i = [x_i,1-x_i]^{\text{T}}$。那么，$S$ 是图 G 的控制集当且仅当

$$\text{col}_k(M) \geqslant 1_n, \tag{8.6}$$

其中，M 同定理 8.1。

证明　比较方程 (8.6) 与方程 (8.3) 容易知道：为证明定理结论，只需证明 M 的第 k 列大于等于向量 1_n(元素全为 1)，即 $M_i(i=1,2,\cdots,n)$ 的第 k 个元素大于等于 1。

由定理 8.1 的证明过程可知, $M_i \ltimes Y_S \geqslant 1$ 等价于存在一个 $j(1 \leqslant j \leqslant 2^n)$ 使得 $\mathrm{col}_j(M_i) \geqslant 1$。因此, 只需验证定理 8.2 中的 k 满足该条件即可。事实上, M_i 和 Y_S 分别为 1×2^n 和 $2^n \times 1$ 的矩阵, 在这种情况下, 矩阵的半张量积退化为矩阵的普通乘法。因此, $M_i \ltimes Y_S$ 即 M 的第 k 列, $M_i \ltimes Y_S \geqslant 1$ 自然等价于 $\mathrm{col}_k(M_i) \geqslant 1$。定理得证。

关于现代农业综合区域中农业机器人路径规划的问题, 利用上述定理 8.1 和定理 8.2 的证明方法可以证明下列结论。

定理 8.3 设农业综合区域对应的图为 $G = (V, E)$, $V = \{v_1, v_2, \cdots, v_n\}$, 权函数 $\omega : V \to R$ 给定, 图 G 的单式邻接矩阵为 $A = [a_{ij}]$, 路径 $\mu = \{e_1, e_2, \cdots, e_k\}$ 的特征向量为 $V_\mu = [x_1, x_2, \cdots, x_n]$。因此, 路径 μ 为从 v_0 到 v_k 的最佳路径当且仅当

$$\mathrm{col}_k(\rho) = \max_{1 \leqslant i \leqslant 2^n} \{\mathrm{col}_i(\rho)\} \geqslant 0, \tag{8.7}$$

其中, M_i、M 和 J 同定理 8.1 和定理 8.2,

$$\bar{M} = \sum_{i=1}^n w(v_i) M_i - \left(\sum_{i=1}^n w(v_i) + 1 \right) M,$$

$$\rho = J\bar{M} \in \mathrm{R}^{2^n}.$$

证明 与定理 8.1 和定理 8.2 的证明思路及过程相似, 这里从略。

8.4 农业机器人路径规划算法设计

基于定理 8.2 和定理 8.3, 可以建立求解农业综合区道路网络规划和农业机器人路径规划问题的数学算法。

算法 8.1 设农业综合区域规划图为 $G = (V, E)$, 其邻接矩阵为 $A = [a_{ij}]$, 给每个顶点 $v_i \in V$ 分配一个特征变量 $x_i \in \mathscr{D}^2 = \{0, 1\}$ 并定义 $y_i = [x_i, 1 - x_i]^{\mathrm{T}}$。下述步骤可以求出农业综合区域规划图 G 中的所有控制集。

步骤 1 计算定理 8.2 中的结构矩阵 M。

步骤 2 判断 M 中是否存在一列大于等于 1_n。若不存在, 则该农业综合区域规划不存在控制集, 算法结束; 若存在, 则令 $K = \{i | \mathrm{col}_i(M) \geqslant 1_n\}$。

步骤 3 对于 K 中的每一个元素 l，求解方程 $\ltimes_{i=1}^{n} y_i = \delta_{2^n}^{l}$。根据文献 [126]，可设

$$
\begin{cases}
S_1^n = \delta_2[\underbrace{1\cdots1}_{2^{n-1}}\underbrace{2\cdots2}_{2^{n-1}}], \\
S_2^n = \delta_2[\underbrace{1\cdots1}_{2^{n-2}}\underbrace{2\cdots2}_{2^{n-2}}\underbrace{1\cdots1}_{2^{n-2}}\underbrace{2\cdots2}_{2^{n-2}}], \\
\qquad\qquad\vdots \\
S_n^n = \delta_2[\underbrace{\underbrace{12}_{2}\cdots\underbrace{12}_{2}}_{2^{n-1}}].
\end{cases}
\tag{8.8}
$$

那么，可求得 $y_i = S_i^n \ltimes \delta_{2^n}^{l}$，$i = 1, 2, \cdots, n$。选择 $y_i = \delta_2^1$ 并构造 $S_l = \{v_i | y_i = \delta_2^1\}$，$S_l$ 即该农业综合区域规划的一个控制集。所有的控制集为 $\{S_l | l \in K\}$。

步骤 4 计算农业综合区域规划图 G 的控制数 $\gamma(G) = \min_{l \in K}\{|S_l|\}$，$|S_l|$ 是集合 S_l 的势。因此，该农业综合区域规划图 G 中所有的最小控制集为 $\zeta = \{S_l | |S_l| = \gamma(G)\}$。

注 8.4 上述算法可以求出农业综合规划图的所有控制集，因此也可以求出具有某些特殊要求的控制集。例如，控制集之外的每个顶点都 "被控制" 一次或者两次等。这在现代农业区域中具有重要的应用，例如，为保证信息网络的安全性和健壮性，某些关键农业资源要素需要有冗余的连通度等。

算法 8.2 设农业机器人工作区域的图为 $G = (V, E)$，$V = \{v_1, v_2, \cdots, v_n\}$，权函数 $\omega : V \to R$ 给定，图 G 的单式邻接矩阵为 $A = [a_{ij}]$。给每个顶点 $v_i \in V$ 分配一个特征变量 $x_i \in \mathscr{D}^2 = \{0, 1\}$ 并定义 $y_i = [x_i, 1 - x_i]^{\mathrm{T}}$。下述步骤可以求出农业机器人从 v_0 到 v_k 的所有最佳路径。

步骤 1 计算定理 8.3 中的矩阵 $\bar{M}$。

步骤 2 计算 $J\bar{M}$，即 $\bar{M}$ 的第一行，设计算结果为 $[b_1, b_2, \cdots, b_{2^n}]$。

步骤 3 记步骤 2 中 $[b_1, b_2, \cdots, b_{2^n}]$ 的最大非负元素的下标集为

$$
K = \left\{ i_k | b_{i_k} = \max_{1 \leqslant i \leqslant 2^n}\{b_i\}, k = 1, 2, \cdots, m \right\}.
$$

步骤 4 对于 K 中的每一指标 $i_k (k = 1, 2, \cdots, m)$，设 $\ltimes_{i=1}^{n} y_i = \delta_{2^n}^{i_k}$，利用式 (8.8) 计算 $y_i = S_i^n \ltimes \delta_{2^n}^{i_k}$，$i = 1, 2, \cdots, n$。构造 $S(i_k) = \{v_i | y_i = \delta_2^1, i = 1, 2, \cdots, n\}$。

步骤 5 重复步骤 1 ~ 步骤 4 即可得到从 v_0 到 v_k 的所有最佳路径。

8.5 示例仿真

下面以某县的农业综合开发区为例 (图 8.3)，详细展示本章算法的正确性和有效性。

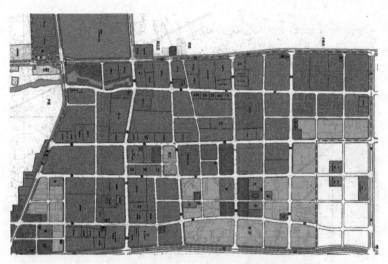

图 8.3 某县的农业综合开发区

现要求在该农业综合区域安装最少的灌溉设施，使得这些灌溉设备能够覆盖所有需要水源的耕作区。下面利用本章算法求解该问题。

由算法 8.1 中的步骤 1 和步骤 2 可得集合 K 为

$$\{1, 2, 3, 4, 5, 6, 7, 8, 9, 10, 11, 13, 14, 15, 17, 18,$$
$$22, 23, 24, 25, 26, 27, 29, 30, 31, 33, 34, 35,$$
$$185, 187, 189, 193, 194, 195, 196, 197, 198,$$
$$203, 205, 206, 209, 210, 211, 212, 213, 214,$$
$$221, 222, 225, 226, 227, 228, 229, 230\}.$$

由算法 8.1 中的步骤 3，以 $l = 222$ 为例，可得

$$y_1 = S_1^8 \ltimes \delta_{256}^{222} = \delta_2^2, \quad y_2 = S_2^8 \ltimes \delta_{256}^{222} = \delta_2^2,$$
$$y_3 = S_3^8 \ltimes \delta_{256}^{222} = \delta_2^1, \quad y_4 = S_4^8 \ltimes \delta_{256}^{222} = \delta_2^2,$$
$$y_5 = S_5^8 \ltimes \delta_{256}^{222} = \delta_2^2, \quad y_6 = S_6^8 \ltimes \delta_{256}^{222} = \delta_2^2,$$
$$y_7 = S_7^8 \ltimes \delta_{256}^{222} = \delta_2^1, \quad y_8 = S_8^8 \ltimes \delta_{256}^{222} = \delta_2^2.$$

　　由算法 8.1 中的步骤 4 可知, 对于元素 $l = 222$, 该元素确定了该农业区域的一个控制集 $S = \{v_3, v_6, v_7, v_{11}, v_{13}\}$。

　　利用上述类似计算, 可得到该农业区域的其他控制集。例如,

元素 $l = 104$ 确定了 $S = \{v_1, v_4, v_5, v_8, v_{11}\}$；

元素 $l = 187$ 确定了 $S = \{v_2, v_4, v_5, v_8, v_{10}, v_{13}\}$；

元素 $l = 206$ 确定了 $S = \{v_1, v_4, v_7, v_9, v_{12}\}$；

元素 $l = 209$ 确定了 $S = \{v_2, v_6, v_9, v_{12}, v_{14}\}$；

元素 $l = 22$ 确定了 $S = \{v_2, v_4, v_7, v_8, v_{12}, v_{15}, v_{19}\}$；

元素 $l = 230$ 确定了 $S = \{v_2, v_6, v_8, v_9, v_{13}\}$。

　　其中一种布局方案如图 8.4 所示。

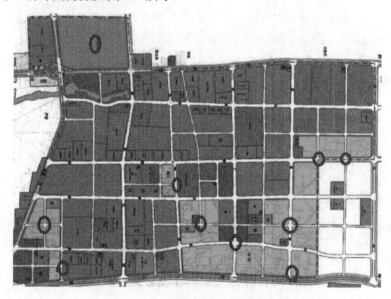

图 8.4　灌溉设施布局示意图

注 8.5　(1) 图中的圆圈表示需要安装灌溉设施的区域。

　　(2) 根据算法 8.1, 可以很容易找到该农业综合区域中需要安装最少的灌溉设施的区域, 从而使得这些灌溉设备能够覆盖所有需要水源的耕作区。

8.6　本 章 小 结

　　图论方法为农业综合区道路网络规划和农业机器人路径规划问题提供了简单

有效的数学工具。本章利用先进的控制科学理论，基于农业规划和机器人路径规划的图论模型，分别建立了农业综合区道路网络规划和农业机器人路径规划问题的数学描述，并利用这种数学描述建立了两种数学算法。该算法给出了规划问题的所有解，能够完整描述农业规划问题的本质性质，也为工程应用提供了更大的设计自由度。

第 9 章　总结与展望

学科的发展受益于也受制于研究工具的进步，先进的理论分析工具往往会促进某一学科的快速发展。近年来，基于矩阵的半张量积发展起来的逻辑动态系统代数状态空间法广泛应用于工程领域中的许多实际问题以及理论方法研究中，得到了国内外学术界的重视和兴趣。一般地讲，逻辑系统指自变量的取值范围是有限域的动态系统，如布尔逻辑系统 (也称二值逻辑系统)、多值逻辑系统和混合值逻辑系统。之前，对于逻辑动态系统的研究，缺乏有效的分析工具。本书以逻辑动态系统代数状态空间法为主要研究工具，对若干逻辑动态系统的分析、综合与优化问题进行了介绍。

9.1　本书的内容与创新总结

本书的创新工作主要在于，以逻辑动态系统代数状态空间法为研究工具，对若干逻辑系统的动态行为建立了新的模型。基于这种新的代数表达，研究了这些逻辑动态系统的有关性质，如可控性、可达性和稳定化等，并得到了关于这些问题新的结论。此外，本书针对目前很少有文献涉及的 Type-2 模糊逻辑关系方程的求解问题提出了求解算法，关于图的拓扑结构问题得到了新的结论及搜索算法，概括如下。

(1) 在有限自动机领域，对 (普通) 有限自动机、合成有限自动机以及在功能与结构上都扩展了的受控有限自动机，建立了它们的双线性动态模型。基于此模型，研究了它们的有关性质，如可控性、可达性和稳定化等。另外，得到了这些问题的充分必要条件；并将这些新的结论应用于一些具体问题，建立了有限自动机的语言识别准则。与目前的方法相比，这些新的结论具有以下特点：解决有限自动机的有关问题，如可控性、可达性、稳定化和语言识别能力等，只需利用矩阵的半张量积计算一种 "判断矩阵"，根据此 "判断矩阵"，这些问题的求解变得简单易行。

(2) 在模糊逻辑系统领域，研究了 Type-2 模糊逻辑关系方程的求解问题。针对一般的 Type-2 模糊逻辑关系方程, 建立了求解算法。该算法理论上可以求出任意 Type-2 模糊逻辑关系方程的全部解, 但计算复杂度较高, 不利于实际应用。由此, 考虑到在对实际问题的建模中并不是信息越模糊越好的特点, 提出了对称值 Type-2 模糊逻辑关系方程, 并给出了求解算法。该算法计算复杂度较小, 便于实际应用。这些求解方法对 Type-2 模糊控制器的设计与优化都有理论指导意义。

(3) 在与逻辑动态系统密切相关的图论领域, 对图的一些具有特殊性质的结构进行了研究, 包括图的控制集、内稳定集、k-内稳定集、k-最大加权内稳定集和 k-绝对最大内稳定集等。另外, 建立了图的顶点子集为上述这些特殊结构的充分必要条件, 利用这些充分必要条件提出了搜索上述特殊结构的算法, 该算法能够搜索出图的所有这些特殊子集。此外, 还将得到的结论应用于某些实际问题, 如 k-轨道任务分配问题, 得到了解决这些问题的新方法、新思路和新结论。

9.2 后续工作展望

逻辑动态系统代数状态空间法为逻辑系统乃至具有离散输入离散输出的动态系统提供了有力的分析与设计手段, 具有广泛的应用前景。作为作者下一阶段工作的延伸, 拟在以下方面进行探索研究。

异步有限自动机, 也称为异步有限机器或者异步时序机器, 其状态的变化不受全局时钟的约束, 因此是性能更加优越的一种自动机。异步有限自动机的内部动态本质上也是一种离散动态 (即一般的逻辑动态), 因此, 逻辑动态系统代数状态空间法应该也适用于对其进行分析、综合与优化。在本书的工作基础上, 拟对异步有限自动机的以下问题进行研究。

(1) 对异步有限自动机的双线性动态行为进行建模。

(2) 基于这种新的数学模型, 对异步有限自动机的容错问题进行研究, 建立容错控制器存在的充分必要条件, 并给出设计方案。

(3) 讨论具有无限环的异步有限自动机的状态可达性问题, 建立可达性条件。

此外, 下列研究工作也是作者未来一个阶段的研究重点。

(1) 有限自动机的代数实现问题。

(2) 有限自动机的最小化问题, 包括两种情况: 无输出和有输出的有限自动机的最小化问题。

(3) 布尔网络与有限自动机的内在逻辑联系。

(4) 布尔网络的最小化问题。

(5) 布尔网络的代数构造问题。

(6) 逻辑矩阵的降幂问题及在逻辑动态系统中的应用。

参 考 文 献

[1] DEIF A S. Advanced Matrix Theory for Scientists and Engineers[M]. Boca Raton: CRC Press, 1990.

[2] BATES D M, WATTS D G. Parameter transformations for improved approximate confidence regions in nonlinear least squares[J]. The Annals of Statistics, 1981, 9(6): 1152-1167.

[3] BATES D M, WATTS D G. Relative curvature measures of nonlinearity[J]. Journal of the Royal Statistical Society Series B (Methodological), 1980, 42(1): 1-25.

[4] 张应山. 多边矩阵理论[M]. 北京: 中国统计出版社, 1993.

[5] CHENG D Z, QI H S, ZHAO Y. An Introduction to Semi-Tensor Product of Matrices and Its Applications[M]. Singapore: World Scientific Publishing, 2012.

[6] KAUFFMAN S A. Metabolic stability and epigenesis in randomly constructed genetic nets[J]. Journal of Theoretical Biology, 1969, 22(3): 437-467.

[7] KAUFFMAN S A. At Home in The Universe: The Search for The Laws of Self-Organization and Complexity[M]. Oxford: Oxford University Press, 1995.

[8] 程代展, 赵寅. 矩阵的半张量积: 一个便捷的新工具[J]. 科学通报, 2011, 56(32): 2664-2674.

[9] 程代展, 齐洪胜. 逻辑系统的代数状态空间方法的基础、现状及其应用[J]. 控制理论与应用, 2014, 31(12): 1632-1639.

[10] CHENG D Z. Input-state approach to Boolean networks[J]. IEEE Transactions on Neural Networks, 2009, 20(3): 512-521.

[11] CHENG D Z, QI H S. Controllability and observability of Boolean control networks[J]. Automatica, 2009, 45(7): 1659-1667.

[12] CHENG D Z, LI Z Q, QI H S. Realization of Boolean control networks[J]. Automatica, 2010, 46(1): 62-69.

[13] CHENG D Z, QI H S. State–space analysis of Boolean networks[J]. IEEE Transactions on Neural Networks, 2010, 21(4): 584-594.

[14] CHENG D Z, QI H S, LI Z Q. Stability and stabilization of Boolean networks[J]. International Journal of Robust and Nonlinear Control, 2011, 21(2): 134-156.

[15] ZHAO Y, LI Z Q, CHENG D Z. Optimal control of logical control networks[J]. IEEE Transactions on Automatic Control, 2011, 56(8): 1766-1776.

[16] CHENG D Z, QI H S, LI Z Q. Model construction of Boolean network via observed data[J]. IEEE Transactions on Neural Networks, 2011, 22(4): 525-536.

[17] CHENG D Z, ZHAO Y. Identification of Boolean control networks[J]. Automatica, 2011, 47(4): 702-710.

[18] 程代展, 齐洪胜, 赵寅. 布尔网络的分析与控制——矩阵半张量积方法[J]. 自动化学报, 2011, 37(5): 529-540.

[19] ZOU Y L, ZHU J D. System decomposition with respect to inputs for Boolean control networks[J]. Automatica, 2014, 50(4): 1304-1309.

[20] ZHANG K Z, ZHANG L J. Observability of Boolean control networks: A unified approach based on the theories of finite automata and formal languages[C]. Proceedings of the 33th Chinese Control Conference, Nanjing, 2014: 6854-6861.

[21] LIU Y, LU J Q, WU B. Some necessary and sufficient conditions for the output controllability of temporal Boolean control networks[J]. ESAIM: Control, Optimisation and Calculus of Variations, 2014, 20(1): 158-173.

[22] LI H T, WANG Y Z, XIE L H, et al. Disturbance decoupling control design for switched Boolean control networks[J]. System and Control Letter, 2014, 72(72): 1-6.

[23] LASCHOV D, MARGALIOT M. On Boolean control networks with maximal topological entropy[J]. Automatica, 2014, 50(11): 2924–2928.

[24] FORNASINI E, VALCHER M E. Optimal control of Boolean control networks[J]. IEEE Transactions on Automatic Control, 2014, 59(5): 1258-1270.

[25] LI F F, SUN J T. Controllability of higher order Boolean control networks[J]. Applied Mathematics and Computation, 2012, 219(1): 158-169.

[26] LASCHOV D, MARGALIOT M. A maximum principle for single-input Boolean control networks[J]. IEEE Transactions on Automatic Control, 2011, 56(4): 913-917.

[27] CHENG D Z. Disturbance decoupling of Boolean control networks[J]. IEEE Transactions on Automatic Control, 2011, 56(1): 2-10.

[28] CHENG D Z, LIU J B. Stabilization of Boolean control networks[C]. Proceedings of the 48th IEEE Conference on Decision and Control, Shanghai, 2009: 5269-5274.

[29] CHENG D Z, XU X R. Bi-decomposition of multi-valued logical functions and its applications[J]. Automatica, 2013, 49(7): 1979-1985.

[30] LIU Z B, WANG Y Z. Disturbance decoupling of mix-valued logical networks via the semi-tensor product method[J]. Automatica, 2012, 48(8): 1839-1844.

[31] LIU Z B, WANG Y Z, LI H T. Disturbance decoupling of multi-valued logical networks[C]. Proceedings of the 30th Chinese Control Conference, Yantai, 2011: 93-96.

[32] ZHAO Y, CHENG D Z. Optimal control of mix-valued logical control networks[C]. Proceedings of the 29th Chinese Control Conference, Beijing, 2010: 1618-1623.

[33] ZHANG L J, ZHANG K Z. L2 stability, H-inf control of switched homogeneous nonlinear systems and their semi-tensor product of matrices representation[J]. International Journal of Robust and Nonlinear Control, 2013, 23(6): 638-652.

[34] ZHANG L J, ZHANG K Z. H-inf control of switched homogeneous nonlinear systems: Semi-tensor product of matrices method[C]. Proceedings of the 29th Chinese Control Conference, Beijing, 2010: 975-980.

[35] DAVID H, MICHAEL M. Stability analysis of second-order switched homogeneous systems[J]. Society for Industrial and Applied Mathematics, 2003, 41(5): 1609-1625.

[36] YUAN Y Y, QIAO Y P, CHENG D Z. Linearization of switched non-linear systems[J]. Transactions of the Institute of Measurement and Control, 2010, 32(6): 677-705.

[37] YUAN Y Y, CHENG D Z. Non-regular feedback linearization of switched nonlinear systems[C]. Proceedings of the 17th World Congress, International Federation of Automatic Control, Seoul, 2008: 15405-15410.

[38] LI Z Q, QIAO Y P, QI H S. Stability of switched polynomial systems[J]. Journal of Systems Science and Complexity, 2008, 21(3): 362-377.

[39] CHENG D Z, LI Z Q, QI H S. Stability of switched polynomial systems[C]. Proceedings of the 27th Chinese Control Conference, Kunming, 2008: 1535-1540.

[40] ZHANG L J, SUN R, YUE H D. On stability of switched homogeneous nonlinear systems[C]. Proceedings of the 25th Chinese Control Conference, Harbin, 2007: 96-101.

[41] QI H S, CHENG D Z, DONG H R. On networked evolutionary games—Part 1: Formulation[C]. Proceedings of the 19th World Congress the International Federation of Automatic Control, Cape Town, 2014: 275-280.

[42] CHENG D Z, QI H S, HE F H. Semi-tensor product approach to networked evolutionary games[J]. Control Theory and Technology, 2014, 12(2): 198-214.

[43] CHENG D Z. On finite potential games[J]. Automatica, 2014, 50(7): 1793-1801.

[44] GUO P L, WANG Y Z, LI H T. A semi-tensor product approach to finding Nash

equilibria for static games[C]. Proceedings of the 32nd Chinese Control Conference, Xi'an, 2013: 107-112.

[45] GUO P L, WANG Y Z, LI H T. Algebraic formulation and strategy optimization for a class of evolutionary networked games via semi-tensor product method[J]. Automatica, 2013, 49(11): 3384-3389.

[46] CHENG D Z, HE F H, XU T T. On networked non-cooperative games—A semi-tensor product approach[C]. Proceedings of the 9th Asian Control Conference, Istanbul, 2013: 1-6.

[47] CHENG D Z, ZHAO Y. Game-based control systems: A semi-tensor product formulation[C]. Proceedings of the International Conference on Control Automation Robotics & Vision, Guangzhou, 2012: 1691-1695.

[48] CHENG D Z, ZHAO Y, MU Y F. Strategy optimization with its application to dynamic games[C]. Proceedings of the 49th IEEE Conference on Decision and Control, Atlanta, 2010: 5822-5827.

[49] CHENG D Z, HE F H, QI H S. Modeling, analysis and control of networked evolutionary games[J]. IEEE Transactions on Automatic Control, 2013, 58(7): 1766-1773.

[50] YAN Y Y, CHEN Z Q, LIU Z X. Semi-tensor product of matrices approach to reachability of finite automata with application to language recognition[J]. Frontiers of Computer Science, 2014, 8(6): 948-957.

[51] YAN Y Y, CHEN Z Q, LIU Z X. Semi-tensor product approach to controlliability and stabilizability of finite automata[J]. Journal of Systems Engineering and Electronics, 2015, 26(1): 134-141.

[52] XU X R, HONG Y G. Observability analysis and observer design for finite automata via matrix approach[J]. IET Control Theory and Applications, 2013, 7(12): 1609-1615.

[53] XU X R, ZHANG Y Q, HONG Y G. Matrix approach to stabilizability of deterministic finite automata[C]. Proceedings of the American Control Conference, Washington D C, 2013: 3242-3247.

[54] XU X R, HONG Y G, LIN H. Matrix approach to simulation and bisimulation analysis of finite automata[C]. Proceedings of the 10th World Congress on Intelligent Control and Automation, Beijing, 2012: 2716-2721.

[55] XU X R, HONG Y G. Matrix expression and reachability analysis of finite automata[J]. Journal of Control Theory and Applications, 2012, 10(2): 210-215.

[56] YAN Y Y, CHEN Z Q, LIU Z X. Solving Type-2 fuzzy relation equations via semi-tensor product of matrices[J]. Control Theory and Technology, 2014, 12(2): 173-186.

[57] YAN Y Y, CHEN Z Q, LIU Z X. Solving singleton Type-2 fuzzy relation equations based on semi-tensor product of matrices[C]. Proceedings of the 32th Chinese Control Conference, Xi'an, 2013: 3434-3439.

[58] FENG J E, LV H L, CHENG D Z. Multiple fuzzy relation and its application to coupled fuzzy control[J]. Asian Journal of Control, 2013, 15(5): 1313-1324.

[59] CHENG D Z, FENG J E, LV H L. Solving fuzzy relational equations via semitensor product[J]. IEEE Transactions on Fuzzy Systems, 2012, 20(2): 390-396.

[60] CHENG D Z, QI H S. Matrix expression of logic and fuzzy control[C]. Proceedings of the 44th IEEE Conference on Decision and Control, and the European Control Conference, Seville, 2005: 3273-3278.

[61] LI H T, WANG Y Z, LIU Z B. A semi-tensor product approach to pseudo-boolean functions with application to Boolean control networks[J]. Asian Journal of Control, 2013, 16(4): 1073-1081.

[62] LI H T, WANG Y Z. A matrix approach to latticized linear programming with fuzzy-relation inequality constraints[J]. IEEE Transactions on Fuzzy Systems, 2013, 21(4): 781-788.

[63] MENG M, FENG J E. A matrix approach to hypergraph stable set and coloring problems with its application to storing problem[J]. Journal of Applied Mathematics, 2014, (2014): 1-9.

[64] WANG Y Z, ZHANG C H, LIU Z B. A matrix approach to graph maximum stable set and coloring problems with application to multi-agent systems[J]. Automatica, 2012, 48(7): 1227-1236.

[65] YUE J M, YAN Y Y. Matrix method to search k-maximum internally stable sets of graphs[C]. Proceedings of the 34th Chinese Control Conference, Hangzhou, 2015: 36-41.

[66] CHARTRAND G, ZHANG P. Introduction to Graph Theory[M]. New York: McGraw-Hill Higher Education, 2006.

[67] DIESTEL R. Graph Theory[M]. Beijing: World Book Publishing Company, 2008.

[68] BANERJEE J M, MCPHEE J J. Graph-Theoretic Sensitivity Analysis of Multibody Systems[J]. Journal of Computational and Nonlinear Dynamics, 2014, 9(4): 83-90.

[69] YU W Y, DING Z J, FANG X W. Dynamic slicing of Petri nets based on structural dependency graph and its application in system analysis[J]. Asian Journal of Control, 2015, 17(4): 1403-1414.

[70] CHENG D Z, LI Z Q, QI H S. Canalizing Boolean mapping and its application to disturbance decoupling of Boolean control networks[C]. Proceedings of the IEEE International Conference on Control and Automation, Christchurch, 2009: 7-12.

[71] CHENG D Z, QI H S. State-space analysis of Boolean networks[J]. IEEE Transactions on Neural Networks, 2010, 21(4): 584-594.

[72] CHENG D Z, YANG G W, XI Z R. Nonlinear systems possessing linear symmetry[J]. International Journal of Robust and Nonlinear Control, 2007, 17(1): 51-81.

[73] 孙玉娇, 刘锋, 梅生伟. 非线性系统的多项式近似表示及电力系统应用（Ⅰ）——理论篇[J]. 电机与控制学报, 2010, 14(8): 19-23.

[74] 孙玉娇, 刘锋, 梅生伟. 非线性系统的多项式近似表示及电力系统应用（Ⅱ）——应用篇[J]. 电机与控制学报, 2010, 14(9): 7-12.

[75] CHENG D Z, GUO Y Q. Stabilization of nonlinear systems via the center manifold approach[J]. Systems and Control Letters, 2008, 57(6): 511-518.

[76] CHENG D Z, HU X M, WANG Y Z. Non-regular feedback linearization of nonlinear systems via a normal form algorithm[J]. Automatica, 2004, 40(3): 439-447.

[77] GE A D, WANG Y Z, WEI A R. Control design for multi-variable fuzzy systems with application to parallel hybrid electric vehicles[J]. IET Control Theory and Applications, 2013, 30(8): 998-1004.

[78] XU X R, HONG Y G. Matrix approach to model matching of asynchronous sequential machines[J]. IEEE Transactions on Automatic Control, 2013, 58(11): 2974-2979.

[79] YAN Y Y, CHEN Z Q, LIU Z X. Verification analysis of self-verifying automata via semi-tensor Product of Matrices[J]. The Journal of China Universities of Posts and Telecommunications, 2014, 21(4): 96-104.

[80] ZHANG Y Q, XU X R, HONG Y G. Bi-decomposition analysis and algorithm of automata based on semi-tensor product[C]. Proceedings of the 31st Chinese Control Conference, Hefei, 2012: 2151-2156.

[81] YAN Y Y, CHEN Z Q, YUE J M. Algebraic state space approach to model and control combined automata[J]. Frontiers of Computer Science, 2017, 11(5): 874-886.

[82] YAN Y Y, CHEN Z Q, LIU Z X. Modelling combined automata via semi-tensor product

of matrices[C]. Proceedings of the 33th Chinese Control Conference, Nanjing, 2014: 6560-6565.

[83] YAN Y Y, CHEN Z Q, YUE J M, et al. STP approach to model controlled automata with application to reachability analysis of DEDS[J]. Asian Journal of Control, 2016, 18(6): 2027-2036.

[84] HINO Y. An improved algorithm for detecting potential games[J]. International Journal of Game Theory, 2011, 40(1): 199-205.

[85] MONDERER D, SHAPLEY L S. Potential games[J]. Games and Economic Behavior, 1996, 14(1): 124-143.

[86] XU M R, WANG Y Z, WEI A R. Robust graph coloring based on the matrix semi-tensor product with application to examination timetabling[J]. Control Theory and Technology, 2014, 12(2): 187-197.

[87] SCHUTZ B. A First Course in General Relativity[M]. New York: Cambridge University Press, 2009.

[88] CHENG D Z, DONG Y L. Semi-tensor product of matrices and its some applications to physics[J]. Methods and Applications of Analysis, 2003, 10(4): 565-588.

[89] CHENG D Z. Some applications of semitensor product of matrices in algebra[J]. Computers and Mathematics with Applications, 2006, 52(6): 1045-1066.

[90] CHENG D Z. Semi-tensor product of matrices and its applications to dynamic systems[J]. New Directions and Applications in Control Theory, 2005, (12): 61-79.

[91] CHENG D Z. Semi-tensor product of matrices and its application to Morgan's problem[J]. Science in China Series F: Information Sciences, 2001, 44(3): 195-212.

[92] EMMOTT S. Towards 2020 Science[R]. Cambridge: Microsoft Rsearch Ltd., 2006.

[93] 王树和. 数学聊斋[M]. 北京: 科学出版社, 2008.

[94] ALUR R, DILL D. Automata for modeling real-time systems[J]. Lecture Notes in Computer Science, 1990, 443: 322-335.

[95] 陈文宇. 有限自动机理论[M]. 成都: 电子科技大学出版社, 2007.

[96] WU L H, QIU D W, XING H Y. Automata theory based on complete residuated lattice-valued logic: Turing machines[J]. Fuzzy Sets and Systems, 2012, 208(12): 43-46.

[97] GRIGORCHUK R I, NEKRASHEVICH V V, SUSHCHANSKII V I. Automata, dynamical systems and groups[J]. Transaction of Mathematics Institute of Steklov, 2000, 231: 134-214.

[98]   KUICH W, SALOMAA A. Semirings, Automata and Languages[M]. New York: Springer, 1985.

[99]   ZHANG G. Automata, Boolean matrices, and ultimate periodicity[J]. Information and Computatioin, 1999, 152(1): 138-154.

[100] DOGRUEL M, OZGUNER U. Controllability, reachability, stabilizability and state reduction in automata[C]. Proceedings of the IEEE International Symposium on Intelligent Control, Glasgow, 1992: 192-197.

[101] KIM K H. Boolean Matrix Theory and Applications[M]. New York: Dekker, 1982.

[102] ZHAO Y, QI H S, CHENG D Z. Input-state incidence matrix of Boolean control networks and its applications[J]. Systems Control Letters, 2010, 59(12): 767-774.

[103] LI F F, LU X W. Complete synchronization of temporal Boolean networks[J]. Neural Networks, 2013, 44:72-77.

[104] THISTLE J G, WONHAM W M. Control of infinite behavior of finite automata[J]. SIAM Journal on Control and Optimization, 1994, 32(4): 1075-1097.

[105] GÉCSEG F. Composition of Automata[M]. New York: Springer, 1974.

[106] HENZINGER T A. The Theory of Hybrid Automata[M]. New York: Springer, 2000.

[107] KOHAVI Z, JHA N K. Switching and Finite Automata Theory[M]. New York: Cambridge University Press, 2010.

[108] GLUSHKOV V M. The abstract theory of automata[J]. Russian Mathematical Surveys, 1961, 16(5): 3-62.

[109] HOLCOMBE M, HOLCOMBE M L. Algebraic Automata Theory[M]. Cambridge: Cambridge University Press, 2004.

[110] SOKOLOVA A, Vink E P D. Probabilistic Automata: System Types, Parallel Composition and Comparison[M]. New York: Springer, 2004.

[111] NERODE A, KOHN W. Models for Hybrid Systems: Automata, Topologies, Controllability, Observability[M]. New York: Springer, 1993.

[112] 何成武. 自动机理论及其应用[M]. 北京: 科学出版社, 1990.

[113] HO Y C. Introduction to special issue on dynamics of discrete event systems[J]. Proceedings of the IEEE, 1989, 77(1): 3-6.

[114] 郑大钟, 赵千川. 离散事件动态系统[M]. 北京: 清华大学出版社, 2001.

[115] MOLAI A A, KHORRAM E. An algorithm for solving fuzzy relation equations with max-T composition operator[J]. Information Sciences, 2008, 178(5): 1293-1308.

[116] HISDAL E. The IF THEN ELSE statement and interval-valued fuzzy sets of higher type[J]. International Journal of Man-Machine Studies, 1981, 15(4): 385-455.

[117] KARNIK N N, MENDEL J M. Operations on Type-2 fuzzy sets[J]. Fuzzy Sets and Systems, 2001, 122(2): 327-348.

[118] BALAKRISHNAN R, RANGANATHAN K. A Text of Graph Theory[M]. Beijing: Science Press, 2011.

[119] ESCHENFELDT P, GROSS B, PIPPENGER N. Stochastic service systems, random interval graphs and search algorithms[J]. Random Structures and Algorithms, 2014, 45(3): 421-442.

[120] HAMMER P L, RUDEANU S, BELLMAN R. Boolean Methods in Operations Research and Related Areas[M]. Berlin: Springer, 1968.

[121] BATTERYWALA S, SHENOY N, NICHOLLS W. Track assignment: A desirable intermediate step between global routing and detailed routing[C]. Proceedings of the IEEE/ACM International Conference on Computer-aided Design, New York, 2002: 59-66.

[122] 陈静, 秦向阳, 李志军, 等. 国际大都市农业科技园区发展的新路径[J]. 安徽农业科学, 2010, 38(34): 19729-19732.

[123] 李辉, 阚兴龙, 刘云德. 生态文明跨越式发展的旅游路径研究 —— 以珠海市斗门北区为例[J]. 安徽农业科学, 2011, 39(35): 21919-21921.

[124] 高迟, 张恒, 阎勤劳, 等. 基于工作目标区图的大蒜播种机器人路径规划[J]. 安徽农业科学, 2012, 40(4): 2495-2496.

[125] LI H T, WANG Y Z, XIE L H. Output tracking control of Boolean control networks via state feedback: Constant reference signal case [J]. Automatica, 2015, 59: 54-59.

[126] CHENG D Z, QI H S, LIU T, et al. A note on observability of Boolean control networks[J]. Systems & Control Letters, 2016, 87: 76-82.